农业部新型职业农民培育规划教材

农民手机应用

NONGMIN　SHOUJI　YINGYONG

中央农业广播电视学校　组编

U0256437

中国农业出版社

编写人员名单

编　著：刘惠芬　王伯文
主　审：唐炳辉
编　委：邵明旭　王　朕　康春鹏　刘小舟
　　　　王　静　司　洋　贾　乐　张弘宇
　　　　曹　霞

为现代农业造就高素质新型生产经营者队伍

"重农固本是安民之基"。党和国家坚持把"三农"工作作为重中之重。现代农业建设持续推进正在让农业经营有效益并成为有奔头的产业，新型职业农民培育持续推进正在让农民成为体面的职业，社会主义新农村建设持续推进正在让农村成为安居乐业的美丽家园。农业农村是大有作为的广阔天地，广大农民特别是新型职业农民立志务农创业兴业，努力做增收致富的带头人、农业农村改革的排头兵和美丽乡村的建设者，正在用智慧和汗水赋予农民这个传统职业崭新的内涵。

立身百行，以学为基。学习是提高素质、增长才干的重要途径。传统农业向现代农业转型，农业经营方式、生产方式、资源利用方式发生了深刻变化。"提质增效转方式，稳粮增收可持续"，走规模化、专业化和绿色、高效、可持续发展之路，要求现代农业从业者具有良好的科学文化素养和自我发展能力。新型职业农民作为建设现代农业的主导力量，需要努力学习各方面知识和技术技能，不断提高综合素质、生产水平和经营能力。

培育新型职业农民已成为国家战略。为配合各地开展新型职业农民教育培训，农业部在加强教材规划和开发指导基础上，坚持"少而精"原则，组织编写了《农民素养与现代生活》《现代农业生产经营》两本通用性教材和《农民合作社建设管理》《家庭农场经营管理》《农产品电子商务》《农产品质量安全》四本专题性教材，其他专题性教材将根据需要及时增补。这套新型职业农民培育规划教材，以问题为导向、强化案例教

1

学，按模块化编排、采用双色印刷，图文并茂、通俗易懂，适合农民学习培训。各级农业部门和教育培训机构，要选好用好教材，创新教育培训模式方法，帮助农民增长知识和发展技能，为现代农业造就高素质新型生产经营者队伍。

2016 年 2 月 14 日

■ 编写说明

　　为加快推进农业供给侧结构性改革，推行绿色生产方式，增强农业可持续发展能力，加速推动信息化和农业现代化的深度融合，尽快缩小城乡数字鸿沟，切实提高农民利用现代信息技术，特别是运用手机上网发展生产、便利生活和增收致富能力的要求，农业部印发《关于开展农民手机应用技能培训提升信息化能力的通知》，决定利用三年时间在全国大范围开展农民手机应用技能培训工作。

　　受农业部委托，中央农业广播电视学校（农业部农民科技教育培训中心）于2016年组织编写、审定、出版了《农民手机应用》技能培训教材。2017年年初，编者对该教材进行了修订和精炼，形成了此版《农民手机应用》教材，作为农民手机应用技能培训和新型职业农民培育官方教材。为方便学习培训，与文字教材配套开发了人工智能学手机APP、300道竞赛题库和《农科讲堂——农民手机培训实务》课件光盘，将通过农业部网站和中央农业广播电视学校"云上智农"APP等平台及时向培训机构和农民学员提供。各级农业广播学校和农民教育培训机构，要依据教学大纲和本教材及配套课件，结合当地实际和学员需要，进行必要的优选调整和补充拓展，增强培训的针对性和实效性，并强化培训后的跟踪服务，为参加培训的农民学员获取咨询，开展网络营销等提供技术支持。

　　希望通过农民手机应用技能培训，切实提高广大农民发展生产、便利生活和脱贫致富的能力。真正让移动互联智慧农民，让信息化致富农民！本教材在编写过程中得到了农业部、清华大学有关领导、专家、学者的大力支持，在此一并表示感谢！

编　者

2017 年 3 月 20 日

农业部关于开展农民手机应用技能培训
提升信息化能力的通知

农市发〔2015〕4 号

各省、自治区、直辖市及计划单列市农业（农牧、农村经济）、农机、畜牧、兽医、农垦、农产品加工、渔业厅（局、委、办），新疆生产建设兵团农业局：

为了加快推进农业农村经济结构调整和发展方式转变，加速推动信息化和农业现代化的深度融合，尽快缩小城乡数字鸿沟，扎实落实国务院关于积极推进"互联网＋"行动，切实提高农民利用现代信息技术，特别是运用手机上网发展生产、便利生活和增收致富能力的要求，农业部决定在全国开展农民手机应用技能培训，提升信息化能力工作。现将有关事项通知如下。

一、提升农民信息化能力是现代农业建设的重要措施

加快推进"互联网＋"现代农业行动，强化移动互联网、云计算、大数据、物联网等新一代信息技术对农业生产智能化、经营网络化、管理高效透明、服务灵活便捷的基础支撑作用是现代农业建设的重点任务。当前农村信息化基础设施建设滞后，互联网普及率不高，广大农民用不上、不会用、用不起信息技术的现象还比较普遍，城乡数字鸿沟仍然明显。提升农民信息化能力，有利于提高农业生产智能化精细化水平，有利于实现产销的更加精准对接，有利于改进农业信息采集监测方式，有利于为农民提供更加精准的服务。特别是随着移动互联技术迅速发展和手机上网的快速普及，强化农民手机上网培训和服务，是农业农村信息化"弯道超车"、城乡协同发展的重要措施，不仅使农民随时随地利用手机网络指导农业生产经营、便利日常生活成为可能，而且由于手机上网的推广成本低、培训方式灵活、农民容易接受、

市场参与度高等优势，可以迅速提高农业农村信息化水平，加快促进农业现代化和全面建成小康社会目标的实现。

二、全面提升农民信息供给、传输和获取能力

开展农民手机应用技能培训，提升信息化能力以农业部门工作人员、普通农户、新型农业经营主体为主要对象，以"多渠道、广覆盖，需求导向、精准服务，政府引导、市场主体"为原则，力争用 3 年左右时间大幅提升农民信息供给能力、传输能力、获取能力，使农民应用信息技术的基础设施设备进一步完善，农民利用计算机和手机提供生产信息、获取市场信息、开展网络营销、进行在线支付、实现智能生产、实行远程管理等能力明显增强，移动互联网、云计算、大数据、物联网等新一代信息技术在农业生产、经营、管理和服务等环节的手机应用模式普遍推广，面向农户的各类生产服务、承包地管理、政策法规咨询等基本实现手机上网在线服务。

三、开展农民手机使用与上网基础知识普及培训

抓住农村地区无线宽带基础设施建设加快、农民手机拥有量快速增加、手机成为农民上网最主要手段的机遇，对农民开展手机使用基本技能、上网基础知识的普及培训。充分调动手机厂商、通信运营商的积极性，鼓励他们培训农民智能手机使用方法，利用手机上网查询获取信息、阅读电子出版物、收发邮件、使用网络社交工具、在线娱乐等。探索将培训机制化制度化，逐步纳入手机厂商和通信运营商对农村消费者的售后服务之中。

四、开展农民手机使用技能竞赛活动

从 2015 年起，连续三年开展全国农民手机使用技能竞赛，以加强农民手机应用能力为目标，主要竞赛农民和新型农业经营主体利用手机上网指导生产经营能力，开展学习、购物、查询、结算、办事的理论知识和操作技能，为农民和新型农业经营主体搭建一个展示技能和相互学习交流的平台。竞赛分为预赛和决赛两个阶段，分别由各省（自治区、直辖市）及新疆生产建设兵团和农业部组织，运用市场化机制原则办赛，鼓励企业和媒体广泛参与，可共同或先期组织培训，开展竞赛。

五、加强利用信息化手段便利农民生产生活的实用技术培训

以满足农民群众多样化、个性化的生产与生活需求为出发点和落脚点，开展农民信息化能力培训。农业部门要会同相关部门和企业，深入调研农民信息化能力建设的各类需求，确保培训工作具有针对性，切实符合广大农户的实际需要。要突出几个重点：一是计算机基本操作及上网技能。突出信息化基础知识、信息采集处理和传播。二是运用电子商务技术的能力。三是与农民直接相关的政策法规、市场行情、农业技术、农资识假及维权、农产品质量安全监管、动植物疫病防控、农产品营销、新型农业经营主体培育、农业社会化服务等资源的利用方法。四是与网络金融、保险、教育、文化、医疗、乡村旅游相关的实用技术和网络防诈骗知识等。五是各级农业部门加快信息资源的数据化和在线化进程的技术和方法。

六、充分动员各类资源参与农民信息化能力培训和提升

要充分利用和发挥现有培训渠道和服务体系的作用，更要顺应信息化发展趋势对改进培训手段和渠道的新要求。一是充分发挥现有农民教育培训体系的作用。中国农业电影电视中心、农民日报社、中国农业出版社、中国农村杂志社、农业部管理干部学院、中央农业广播电视学校、农业部农村社会事业发展中心等单位及所属机构要发挥培训主力军作用，结合自身特点尽快组织开展培训活动。二是充分借助各级政府现有农业培训项目。特别是新型职业农民培育、农村实用人才带头人培训、农牧渔业大县局长轮训、农技推广骨干人才培养等，应尽快将农民信息化能力提升纳入培训内容，增加相应课程。三是充分依托基层农业服务体系和服务平台。县乡农技推广体系是农民信息化能力培训和提升的依托力量，农民信息化能力的普遍性培训工作主要由县乡基层农业技术推广机构组织实施。同时要发挥农村经营管理体系、信息进村入户和12316服务体系的作用，为农民提供短平快的农业信息化培训指导。四是充分利用现代信息技术，将电话、电视、广播、报刊等传统手段与网络课堂、手机短彩信、微博微信等现代手段相结合，开展全方位、多元化、立体式的培训。鼓励相关单位开发农业信息化能力培训软件和手机易用的APP，实现便捷一站式"掌中培训"。五是发挥相关企业在农民信息化

3

能力培训中的市场主体作用。农民对信息化有巨大的需求，电信运营、手机制造、互联网服务、电子商务、金融保险服务、消费品营销等各类企业需要开拓广阔的农村市场。农业部门要充分发挥统筹协调作用，既要争取财政资金引导培训开展，更要创建由政府统筹、市场主导的培训模式，动员相关企业等共同开展农民信息化能力培训工作，调动企业参与培训内容建设、软件开发、培训承办等的积极性，为农民提供优质服务。

七、把培训农民信息化能力作为各级农业部门的重要任务

农业部建立由部领导牵头，办公厅、人事司、经管司、市场司、财务司、科教司等单位参与的工作协调机制，日常工作由市场司承担，统筹相关单位分工负责、协同推进。各个省份、地市和县级农业部门要成立领导机构，切实强化工作协调。农业部会同有关省份，编制培训大纲；省级农业部门会同相关企业培训师资力量，编制培训材料；市县农业部门负责组织实施农民培训。各单位要明确目标任务，制定实施方案，做好进度安排，强化过程监督。农业部将把此项工作纳入对省级农业部门的绩效考核，各地也可将其纳入对农业部门的绩效考核。

八、协同推进农业农村信息化基础能力建设

各级农业部门要协同发展改革、工业和信息化、财政等部门加快通信设施和宽带网络向行政村、自然村延伸，推动出台农民上网和手机流量资费优惠政策，确保广大农村特别是贫困地区农民有网上，上得起网。要充分利用信息进村入户工程、农业物联网试验示范工程、农业政务信息化工程，加强农业和农村地区的信息化能力建设。鼓励农业科研院所和相关企业，加快研发和推广适合农业农村特点和农民消费需求的低成本计算机和智能手机终端。

九、营造全社会关心关注农民信息化能力的良好氛围

各级农业部门要充分利用网络、电视、广播、报刊、短信、微博微信等媒体手段，加强对农民信息化能力培训和提升重要意义的普及宣传，增强社会关注度，营造良好的舆论氛围，引导农民牢固树立起"知识改变命运、技能成就梦想"的信息技术应用意识，改"要我培训"为"我要培训"。大力加

强农民网络安全宣传和教育，提高网络风险防范能力。要积极研究解决新问题，及时总结推广经验做法，加强舆论引导，推动党中央、国务院关于农民信息化能力提升的各项政策措施落实到位，不断拓展大众创业、万众创新的空间，汇聚经济社会发展新动能，促进我国农业转方式实现新突破，现代农业建设不断取得新进展。

各地在工作过程中遇到的问题请及时反馈农业部市场与经济信息司。

农业部

2015 年 10 月 28 日

目 录

为现代农业造就高素质新型生产经营者队伍 …………………………… 张桃林

编写说明

农业部关于开展农民手机应用技能培训提升信息化能力的通知

第1章 选手机 ………………………………………………………… 1

1.1 SIM卡介绍 …………………………………………………… 1

1.2 运营商介绍 …………………………………………………… 2

    1.2.1 中国移动 …………………………………………… 2

    1.2.2 中国联通 …………………………………………… 3

    1.2.3 中国电信 …………………………………………… 3

1.3 选择网络运营商 ……………………………………………… 4

    1.3.1 根据网络制式选择 ………………………………… 4

    1.3.2 根据套餐优惠选择 ………………………………… 4

1.4 合理选择资费和套餐 ………………………………………… 5

1.5 手机操作系统 ………………………………………………… 6

    1.5.1 什么是手机操作系统? …………………………… 6

    1.5.2 部分手机系统介绍 ………………………………… 7

1.6 手机的硬件指标及功能 ……………………………………… 9

    1.6.1 显示屏 ……………………………………………… 9

    1.6.2 处理器芯片 ………………………………………… 10

1.6.3 内存 ·················· 12

1.6.4 存储空间 ·············· 13

1.6.5 储存卡 ················ 13

1.6.6 双卡双待 ·············· 14

1.6.7 定制机 ················ 15

1.6.8 全网通 ················ 16

第2章 用手机 ················ 17

2.1 基础功能 ················ 17

2.1.1 打电话 ················ 17

2.1.2 发短信 ················ 19

2.1.3 照相机 ················ 20

2.1.4 常用设置 ·············· 23

2.1.5 常用工具 ·············· 27

2.1.6 常见问题 ·············· 30

2.2 连接网络 ················ 35

2.2.1 4G上网 ················ 35

2.2.2 WiFi上网 ·············· 36

2.2.3 开启手机热点 ············ 37

2.2.4 注意事项 ·············· 38

2.3 手机软件 ················ 39

2.3.1 APP的安装 ············· 39

2.3.2 软件的升级卸载 ··········· 41

第3章 手机改变生活 ··········· 44

3.1 网看世界 ················ 44

3.1.1 浏览器 ················ 44

3.1.2 搜索工具 ·············· 45

3.1.3 聊天工具 ·············· 48

3.1.4 资讯与服务 ············· 52

3.2 网上支付 ················ 63

3.2.1　网上银行 ……………………………………………… 63

3.2.2　手机银行 ……………………………………………… 77

3.2.3　电话银行 ……………………………………………… 83

3.2.4　微信支付 ……………………………………………… 85

3.2.5　支付宝 ………………………………………………… 95

3.3　网络出行 …………………………………………………… 113

3.3.1　买票 …………………………………………………… 113

3.3.2　地图 …………………………………………………… 117

3.4　便民服务 …………………………………………………… 121

3.4.1　社保 …………………………………………………… 121

3.4.2　挂号 …………………………………………………… 123

3.4.3　缴费 …………………………………………………… 126

第4章　农村电商 …………………………………………… 129

4.1　电商平台 …………………………………………………… 129

4.1.1　京东 …………………………………………………… 129

4.1.2　淘宝 …………………………………………………… 134

4.2　农产品进城 ………………………………………………… 134

4.2.1　京东农村电商 ………………………………………… 135

4.2.2　阿里巴巴"农村淘宝" ………………………………… 135

4.2.3　一亩田买卖农产品 …………………………………… 141

4.3　有力工具 …………………………………………………… 142

4.3.1　微信推广 ……………………………………………… 142

4.3.2　美图秀秀 ……………………………………………… 143

4.3.3　百度云 ………………………………………………… 144

第5章　"互联网＋农业生产" ……………………………… 145

5.1　农技宝 ……………………………………………………… 145

5.2　新希望六和 ………………………………………………… 146

5.2.1　猪福达 APP …………………………………………… 146

5.2.2　禽福达 APP …………………………………………… 146

5.2.3　希望宝 APP ……………………………………… 147

5.3　看天气 …………………………………………………… 147

　　5.3.1　如何看天气 ……………………………………… 148

　　5.3.2　天气软件功能 …………………………………… 148

第6章　上网注意事项 ………………………………… 150

6.1　网上信息真实性 ………………………………………… 150

　　6.1.1　什么是网络谣言 ………………………………… 150

　　6.1.2　常见网络谣言与应对 …………………………… 151

　　6.1.3　刑法依据 ………………………………………… 156

6.2　我的信息安全性 ………………………………………… 157

　　6.2.1　隐私安全——骚扰电话，垃圾短信 …………… 157

　　6.2.2　资产安全——电信诈骗 ………………………… 162

6.3　消费者权利和义务 ……………………………………… 165

　　6.3.1　维护健康网络环境 ……………………………… 165

　　6.3.2　保护合法个体权益 ……………………………… 168

第 1 章
选 手 机

1.1 SIM 卡介绍

SIM 卡，就是俗称的手机电话卡，想要实现手机通话和 4G 网络的访问就离不开这一张小小的卡片。SIM 卡通常有三种不同规格和尺寸，分别为 SIM、Micro-SIM 以及 Nano-SIM，如图 1-1 所示，三者统称为 SIM 卡。这三种卡的芯片部分是一样的，区别只在于芯片外围塑料部分的面积不同。

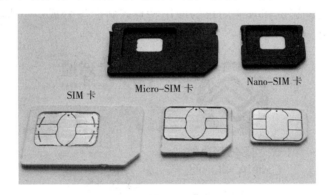

图 1-1

如果发现 SIM 卡体积过大无法插进手机的卡槽，可以前往网络运营商（如中国移动、中国联通或中国电信）的营业厅办理更换尺寸合适的 SIM 卡，也可以在营业厅使用专用的剪卡器将 SIM 卡裁剪至合适的尺寸，不要用普通剪刀自行裁剪，否则有可能造成接触不良等后果。

如果发现 SIM 卡体积过小，可以去当地的网络运营商更换尺寸合适的 SIM 卡，或者使用图 1-1 中的片状卡套，使 SIM 卡增大到合适的尺寸。这种卡套很多地方都可以买到。

1.2 运营商介绍

1.2.1 中国移动

中国移动通信集团（简称中国移动）是中国内地最大的移动通信服务供应商（图1-2），拥有全球最多的移动用户和全球最大规模的移动通信网络。于2014年12月31日，中国移动通信集团的员工总数达241 550人，客户总数达8.07亿户，并保持内地市场领先地位。

图1-2

（以上简介节选自中国移动有限公司官方网站，有删减）。

中国移动曾经使用过全球通、动感地带、神州行三个子品牌（图1-3），分别针对商务人士、学生和其他用户的使用特点，将套餐分成这三大类型，使得套餐选择相对简单。

图1-3

后来，为了推广4G业务，中国移动将旗下的这三大品牌合并成一个新的统一品牌"and! 和"（图1-4）。

图1-4

1.2.2　中国联通

中国联合网络通信集团有限公司（简称中国联通）于 2009 年 1 月 6 日在原中国网通和原中国联通的基础上合并组建而成（图 1-5）。

图 1-5

中国联通主要经营固定通信业务，移动通信业务，国内、国际通信设施服务业务，卫星国际专线业务、数据通信业务、网络接入业务和各类电信增值业务，与通信信息业务相关的系统集成业务等。

（以上简介节选自中国联通公司官方网站，有删减）。

联通最早在 3G 时代就提出了"沃"和"WO"这两个中英文的品牌（图 1-6）。现在新办理的所有联通手机业务，都属于"沃"的范围。

图 1-6

1.2.3　中国电信

中国电信集团公司（简称中国电信）是中国三大主导电信运营商之一（图 1-7），作为综合信息服务提供商，中国电信为客户提供包括移动通信、宽带互联网接入、信息化应用及固定电话等产品在内的综合信息解决方案。

图 1-7

3

中国电信拥有庞大的客户资源，截至 2014 年年底，宽带互联网接入用户规模 1.21 亿户，移动用户规模 1.86 亿户，固定电话用户规模约 1.49 亿户。

（以上简介节选自中国电信公司官方网站，有删减）。

中国电信的子品牌是天翼（图 1-8）。

图 1-8

天翼几乎成了中国电信的代名词，它同样是一个著名的子品牌，属于中国电信的品牌宣传策略的一部分。

1.3　选择网络运营商

1.3.1　根据网络制式选择

除了匹配 SIM 卡和手机卡槽大小之外，还要注意匹配手机的制式和相应的网络。

因为移动、联通、电信采用了不同的网络技术，所以有的手机只能选用移动、联通或者电信中的一种网络，手机支持哪个运营商的网络就需要哪个运营商的 SIM 卡。现在一些手机，能同时支持移动、联通和电信的网络。

如果先选好了网络运营商，那么购买手机时一定要询问清楚，说明自己使用的 SIM 卡的网络制式和规格（如告知使用的是联通 4G 的手机卡）以购买匹配的手机；如果已经有了手机，也建议尽量选择网络匹配的运营商，以发挥手机的最大网络能力。

如果想要使用手机上网，现在 4G 网络已经普及并且资费趋于合理，建议不考虑比较老的 3G 上网业务，无论选择联通、移动或者电信，都有优秀的 4G 网络为您服务。

1.3.2　根据套餐优惠选择

运营商会推出很多的优惠套餐，可以根据自己每月可能的通话时间和流量选择优惠的项目。

以"亲情计划"优惠套餐为例，在亲友们都使用同一运营商 SIM 卡的情况下，可以最大限度地减少彼此通话的费用。开通这个套餐，自己和亲友可以获得很大的实惠。

假定某地有一个中国移动的"亲情计划"，每个月需要缴纳功能费 5 元，开通该项业务之后可以免费和 5 个特定的中国移动号码通电话，而用户的亲友恰好都使用中国移动电话卡，那么只要用户开通这项套餐，并将亲情号码设定为亲友们的电话号码，每个月一共只需 5 块钱就可以实现亲友之间的免费通话了。这样的服务在不同地区有不同的资费标准或优惠方案，但是省钱功能却是相同的。所以如果办理新的电话号码，可以考虑与家人和朋友使用同一个运营商的号码，或者比较当地运营商的优惠政策再选择。

1.4　合理选择资费和套餐

众所周知，现在的电话费，不使用统一的资费标准，而是以套餐的形式，为每位用户提供不同的优惠。所谓的套餐，就像餐馆里提供的套餐一样，包含了设定好的定量的服务，它实际上是一种服务的组合。

需要大量上网的人可以选择上网便宜且流量多但话费较贵或通话时长较短的套餐，而需要大量通话的人就可以选择通话费用便宜但是上网较贵或者流量较少的套餐。

网络运营商还推出了自由选择的套餐类型，用户自己选择通话和上网的定量服务。

不管是自由选择套餐，还是运营商制定好的套餐，选择的方法都是一样的。图 1-9 是以北京市联通官方网站的自由组合套餐资费图表为例，介绍一下套餐的选择方法和策略。

举一个例子：假如用户一个月打 8 个多小时的电话，发 200 条左右的短信，上网流量在 260M 左右，那么从图 1-9 中，可以找到比较适合的 16 元 300M 流量套餐和 56 元 500 分钟通话套餐以及 10 元 200 条短信套餐，这样就选好了。选择套餐关键要适合，要提前计算好自己每月的用量，找和自己用量最接近的套餐。

这里面很重要的一点就是流量套餐一定要选足够，因为超额部分的数据流量的资费价格很高，如果选择了一个流量比较少的套餐，一旦超出用量，需要额外缴纳的流量费会很贵。当然也可以单独购买流量包，贪多也会造成不必要的浪费。在正常使用的前几个月里，细心查询自己每个月的用量，如果有不足或者剩余过多的情况，再去营业厅更改自己的套餐，使得话费降到最低。

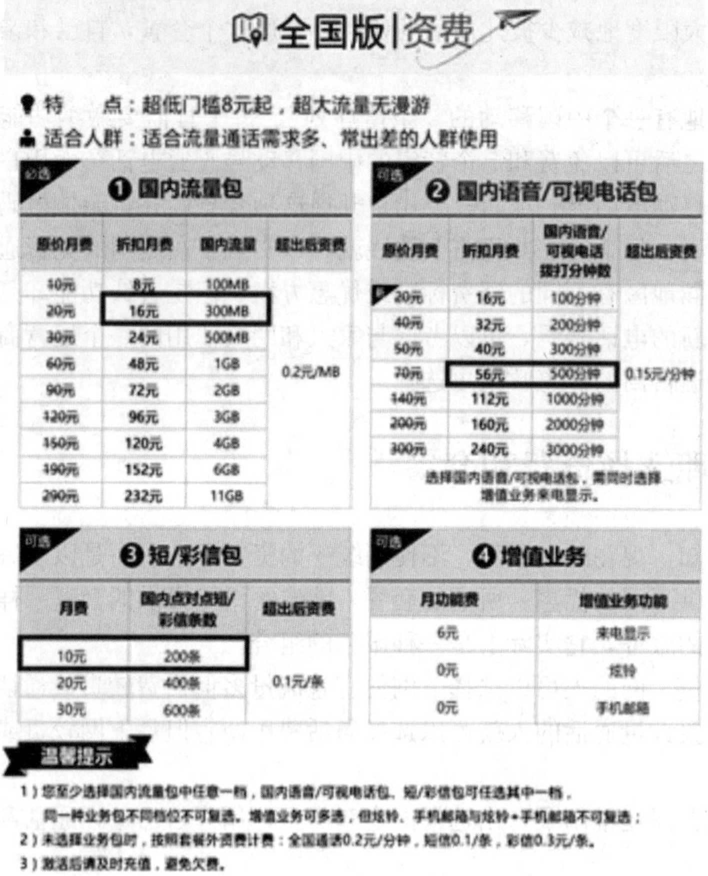

全国版|资费

特 点：超低门槛8元起，超大流量无漫游
适合人群：适合流量通话需求多、常出差的人群使用

① 国内流量包

原价月费	折扣月费	国内流量	超出后资费
10元	8元	100MB	
20元	16元	300MB	
30元	24元	500MB	
60元	48元	1GB	0.2元/MB
90元	72元	2GB	
120元	96元	3GB	
150元	120元	4GB	
190元	152元	6GB	
290元	232元	11GB	

② 国内语音/可视电话包

原价月费	折扣月费	国内语音/可视电话拨打分钟数	超出后资费
20元	16元	100分钟	
40元	32元	200分钟	
50元	40元	300分钟	
70元	56元	500分钟	0.15元/分钟
140元	112元	1000分钟	
200元	160元	2000分钟	
300元	240元	3000分钟	

选择国内语音/可视电话包，需同时选择增值业务来电显示。

③ 短/彩信包

月费	国内点对点短/彩信条数	超出后资费
10元	200条	
20元	400条	0.1元/条
30元	600条	

④ 增值业务

月功能费	增值业务功能
6元	来电显示
0元	炫铃
0元	手机邮箱

温馨提示

1）您至少选择国内流量包中任意一档，国内语音/可视电话包、短/彩信包可任选其中一档。
  同一种业务包不同档位不可复选。增值业务可多选，但炫铃、手机邮箱与炫铃+手机邮箱不可复选；
2）未选择业务包时，按照套餐外资费计费：全国通话0.2元/分钟，短信0.1元/条，彩信0.3元/条。
3）激活后请及时充值，避免欠费。

图 1 - 9

1.5 手机操作系统

1.5.1 什么是手机操作系统？

手机操作系统是管理手机硬件与软件资源的手机程序，它负责管理与配置内存、决定系统资源供需的优先次序、控制输入与输出设备、操作网络与管理文件系统等基本事务。操作系统也提供一个让用户与系统交互的操作界面。

如果把手机比作一个人，手机的硬件就是一个人的身体，手机的操作系统就是一个人的精神和灵魂。

选择操作系统还是要多考虑自己的使用习惯和价格。

1.5.2 部分手机系统介绍

1.5.2.1 Android（安卓手机操作系统）

Android（中文名称是安卓）是一个基于 Linux（一种开源的操作系统）内核的开放移动操作系统，由谷歌公司成立的开放手持设备联盟主持领导与开发，主要用于触屏移动设备如智能手机和平板电脑，是目前世界上用户最多的手机操作系统（图 1-10）。国内市场常见的小米、联想、华为等手机品牌，都采用的是安卓操作系统。

图 1-10

安卓是一个开放的手机系统，从手机厂商的角度来看，可以充分了解并任意更改安卓操作系统，从而删掉一些多余或不符合中国用户操作习惯的功能，并添加为国内用户量身定做的功能，使手机变得更加流畅、更加好用。

从软件开发者的角度看，谷歌公司和安卓系统允许任何人为安卓手机开发软件，使得安卓系统下的软件数量远超其他操作系统。安卓系统几乎无所不能，所有用户能想到的功能都能找到相应的软件将其实现。同时用户可以从各式各样的应用商店下载软件并完成安装。

对广大用户而言，装载安卓操作系统的国产智能手机，是既实用又实惠的选择，能够免费使用很多应用软件，方便工作、学习和生活。

1.5.2.2 iOS（苹果手机操作系统）

iOS 是苹果手机上运行的操作系统，不过它和安卓手机操作系统不太一样，苹果公司并不将它授权给其他的手机生产商，只有苹果手机才能运行并使用 iOS 操作系统，换句话讲，使用 iOS 的唯一途径就是够买一部苹果手机（图 1-11）。

由于 iOS 的封闭性，用户在使用过程中也会有很多不便，如苹果手机上的软件，只能从苹果的网站上下载安装，不能从别的地方下载安装，苹果手机里的资料，在连接电脑之后只能通过特定的软件才可以读取，手机的界面和主题也不易自由更换。面对苹果手机，用户很难按照自己的操作习惯和喜好对手机操作系统进行优化或改造。

苹果公司 iOS 上的应用控制严格，这点是苹果操作系统 iOS 乃至苹果手机长久以来所特有的巨大优势。但是它价格很高，这优势就不明显了。

图1-11

1.5.2.3 Windows Mobile（微软手机操作系统）

除了安卓系统和 iOS 系统，市面上还有一些其他的操作系统，不过他们的用户数量和前两者比较起来，实在是少。这些系统当然也很优秀，也有着很多搭载这些系统的优秀的手机产品，然而因为用户过少带来了软件数量不足等一系列的问题（图1-12）。

图1-12

在安卓和 iOS 之后，市场占有率最高的就是微软的 Windows Mobile 系统了，但这个系统的市场占有率实在是太小了。

Windows Mobile 操作系统是一个优秀的操作系统，它在某些理念上融合了苹果的 iOS 和安卓系统。如这个操作系统和 iOS 一样，严格控制着软件的来源，只能通过微软的网站下载安装，同时，早期的时候只要是愿意付费合作的厂商，微软公司就允许他们使用 Windows Mobile 的操作系统（后来逐渐降低了授权费用甚至免费），这是吸取了两个操作系统的优点。

Windows Mobile 出现的比较晚，很难吸引到软件开发者，这个操作系统上的软件数量就很少。打个比方来理解 iOS 或安卓的开发者不愿意转移过来给这个系统开发软件的问题。比如一个种植山药和辣椒的农民，辛辛苦苦干了几年，事业走上了正轨，每年山药和辣椒收成都很好，拿到市场上也都供不应求，总能卖个好价钱。这个时候忽然有个公司找上门，企图说服他改种另一种植物，至于能不能丰收或者能不能卖上好价钱都无法确定。这个人会做出改变吗？正是因为这种不确定的观望心理，使得没有几个有影响力的软件公司愿意放弃之前的 iOS 和安卓平台，而迁移到这个系统。

1.6　手机的硬件指标及功能

1.6.1　显示屏

显示屏是手机的关键硬件之一，承担着输出图像的任务。

从液晶面板来分类，现在主流手机的屏幕可以分为 TN、IPS 和 AMOLED 三种。

TN 屏幕因为可视角度过小的问题（也就是正对着屏幕的时候看得清，斜对着屏幕就可能看不清），已经基本淡出了当今的手机市场。

现在 IPS 屏幕已经成为了手机行业里的主流，也基本成了现在高、中、低档手机的标配，因为这种屏幕的最大特点就是可视角度足够大（图 1-13）。

AMOLED 技术主要有颜色鲜艳和省电的两大特点，三星是采用这项技术的最主要的手机厂商（图 1-14）。

图 1-13

图 1-14

然而手机屏幕发展到了今天，无论是 IPS 还是 AMOLED 技术，都已经足够满足用户的日常使用需求了。选择屏幕最应该看中的两个指标，一是屏幕尺寸，二是屏幕分辨率。

1.6.1.1 屏幕尺寸

手机的尺寸越大，用户看起来就越容易，然而手机屏幕过大，就会携带不便。

建议在购买手机之前，最好亲自看看真机的大小是否合适，避免出现类似于因为单纯喜欢大屏幕而造成手机无法放进手包或者衣袋中的尴尬。

从图 1-15 可以看出，3.5 英寸的苹果 iphone4S 小巧好拿，屏幕自然较小，看得不够真切，5.7 英寸的三星 Note3 就屏幕很大，但是不容易单手把握，所以究竟是要拿着方便还是要看得清楚，取决于您的使用需求。

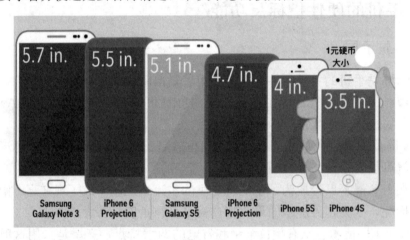

图 1-15

1.6.1.2 屏幕分辨率

图 1-16 是一张显示常见屏幕分辨率比例和大小的图。

购买手机的时候，一般而言屏幕的分辨率越大越好。市面最上常见的数值为720P（称作 HD，也即高清屏）、1 080P（称作 FHD，也即全高清屏）。有些商家或者手机厂商，喜欢用图中代表分辨率的英文单词来表示，有了这张图就可以知道这些英文单词所代表的屏幕尺寸了。

1.6.2 处理器芯片

在看手机广告的时候，最常听到的词汇就是"双核""四核"甚至"八核"，以及"频率""主频"这样的词汇。

众所周知，手机里一定会有一块处理器芯片（图 1-17）。它负责控制整个手机的运行，主要功能就是计算。

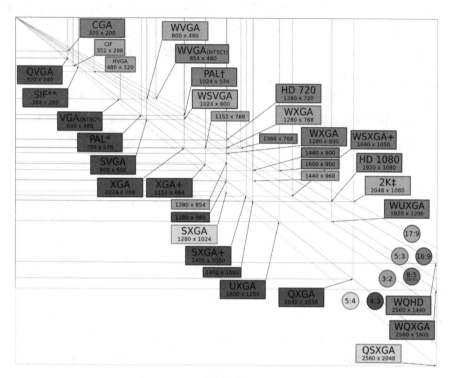

图 1-16

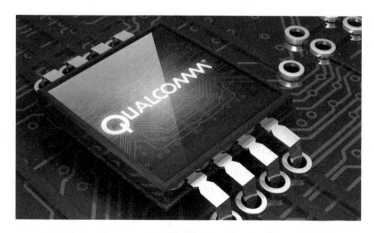

图 1-17

处理器频率就是处理器每秒钟计算的次数，显然这个数字越高越好，代表着处理器计算能力更强。

核心数量，粗略地讲就是处理器可以同时计算不同任务的数量，也是越多越好，虽然这种说法不够严谨，但能比较好的说明这个问题。

只声称多核高频率的处理器，也不一定是最好的。用搬砖来比喻，假定有一摞砖需要搬走，处理器的核心数量可以理解成工作的人数，四核就表示有 4 个人同时干活，频率高低的区别就类似于 10 分钟搬 5 趟和 10 分钟搬 20 趟的区别。所以处理器的核心数量越多频率越高，相当于干活的人数更多又更勤快，这是不是一定意味着工作速度更快？答案是否定的，这些参数里没有提及劳动者的能力。如果一边是 4 个人搬 2 趟，但这 4 个人是 4 个孩子，每次只能拿 1 块，2 趟才搬了 8 块；另一边只有一个成年人干活，又很磨蹭，4 个小孩搬了 2 趟，他只走了 1 趟，可是这个人身强力壮，一次能拿 12 块砖，结果反而是成年人完成工作的时间更短。

以上这些就是某些商家宣传时玩的文字游戏，只强调核心数量和频率高低，却不提及处理器实际的能力大小，将手机包装出更好的性能。鉴定处理器实际能力的要求比较高，需要很多处理器的知识来完成，使得这样的宣传手段无法被简单识破。

尽量买上市时间较短的手机，而不要考虑几年前的产品；另外，选择已经经过很多用户检验过的、口碑已经足够好的手机。比如亲朋好友用的手机不错，或者网上查到的销量高、评价好的手机，都可以纳入选择的范围。用户实际使用中的检验，远比广告里的台词更有说服力。

购买手机之前建议咨询比较了解电子设备的亲朋好友，不过现在手机行业整体水准较高，大品牌的手机还是比较有保证。

1.6.3　内存

内存，又称运存，也即运行内存（图 1-18），从字面上就能大概理解其功能。它是处理器进行计算时，程序里数据的运行空间，所以较小的内存会限制处理器的计算能力，因而可以简单粗暴地讲：内存越大越好。在其他条件都一样的情况下，内存越大，手机变卡的可能性就越小。目前国产主流手机的内存大小都在 2G 或 2G 以上，仅从实用性来讲 1G 其实已经可以满足日常需求，如果几百块钱买到 1G 内存的手机，节省下来的开支也是值得的。不过同等价位下能够找到很多采用了 2G 内存的优秀机型，推荐在可选的范围内尽量选择内存更大的机型。

图 1-18

1.6.4　存储空间

　　存储空间，指手机存放数据的空间的大小，存储空间越大，可以存的东西就越多。常见的大小为 16G、32G、64G，这三档基本就满足了绝大多数人的需求；也有超大的 128G、256G，不过为了获得这么庞大的空间需要额外支付很多钱；也还有 4G、8G 大小的空间，这些不建议选用，除非手机的日常使用场景仅仅是打电话、发短信、只运行少量的软件，否则这么小的存储空间基本不够用。现在国产手机的存储空间基本上从 16G 起步，应对常用应用场景已经足够了，但如果想要用手机玩大型游戏或者下载电影观看的话，还是建议选择一个存储空间大一些的（图 1-19）。

图 1-19

1.6.5　储存卡

　　上面说的储存空间都是手机里内置的，还有一些手机留有储存卡卡槽，可以插入外置的储存卡。这种卡称作 Micro-SD 卡（图 1-20），市面上有售。

13

图 1-20

相比于手机里自带的存储空间，外置储存卡的价格会相对低很多。事实上，很多手机厂商都在依靠同一型号手机的不同存储空间版本的差价来赚钱。对于型号相同而仅仅存储空间不同的手机，16G 和 32G 两个版本的差价通常在 300 元左右，甚至更多；而如果转而使用 16G 大小的外置的 Micro-SD 卡，价格可以降低至 30 元。所以对于需要较大空间的用户来说，尽量选择支持外部存储卡的手机，从而通过购买相对廉价的 Micro-SD 卡的方式来满足存储大量音乐、图片和电影的需求。

1.6.6 双卡双待

双卡双待是一个手机里可以装下两张电话卡，并且同时接收到两张手机卡的信号。也就是说，在一部手机上，可以选择用不同的号码打电话或者上网。在功能上相当于同时带两部手机，却省了一部手机的体积和重量，花一部手机的钱干两部手机的事，非常划算。

对于一个工作地点在北京和广州两个城市之间切换的生意人，如果他的手机支持双卡双待，就可以在手机里同时装一张北京的手机卡和一张广州的手机卡，这样他在北京的时候使用北京的号码，在广州的时候使用广州的号码，于是就避免了长途漫游话费的产生。

现在套餐的类型多种多样，有的套餐以通话为主，话费很便宜；有的套餐以上网为主，流量多。这两个方面的优惠基本上不可兼得。在双卡双待的手机里插两张卡，一张话费便宜负责打电话，另一张流量多就用来上网。这也是一种非常聪明的少花钱多办事的妙招。

当然，也可以使用两个号码，一个用于办公，一个用于日常生活，两个号码分别和不同的人通信，就可以做到工作生活互不打扰。

图1-21所示的手机就是一部支持双卡双待的手机，线框住的部分是两个电话卡卡槽。

图1-21

1.6.7　定制机

定制机是网络运营商（移动、联通或电信）和手机厂商合作推出的特殊手机。通常，定制机只能使用特定的网络运营商的手机卡，而插了其他网络运营商的手机卡的时候则不能正常使用，另外手机里也会安装很多和运营商有关的或者是和运营商有合作关系的公司的软件，同时定制机在外表上也会有相应的运营商标志（图1-22）。

图1-22

比如，联通的定制机将限制用户只能使用联通的手机卡，而不能使用其他网络运营商的手机卡（如移动和电信）。当然，带来这些不便的同时，相应的定制机的价格会便宜很多。如果用户原本就打算在选择一家网络运营商的网络服务之后一直使用而不更换，可以选择功能一样又可以省下很多钱的定制机。

1.6.8　全网通

全网通手机，就是能同时支持移动、联通和电信网络的手机，手机用户不用费心考虑自己应该选择哪个运营商，也不用额外考虑更换网络运营商的同时要更换手机的问题，这就是全网通手机的意义。如果有更换网络运营商的需求或者认为自己将来存在这种可能，那就可以选择全网通手机，反之，如果没有这种需求，也没有必要选择全网通手机。因为，这项功能的优点，在价格上体现了出来，全网通的手机一般都比同一型号的单一网络的普通手机贵上许多。

第 2 章
用 手 机

2.1 基础功能

2.1.1 打电话

2.1.1.1 拨打已知号码

首先，找到如图 2-1 所示的电话图标，单击进入电话程序。

进入程序之后，如图 2-2 所示。

图 2-1

图 2-2

使用图 2-3 中的号码盘即可填写您将要拨打的电话号码。在确认号码填写正确后，点击图 2-2 中的话筒形状的按键，即可完成拨打。

2.1.1.2 接听电话

如图 2-4 所示，当对方打来电话时，通话的界面会自动出现，其中有两个话筒图标。将圆形图标按照箭头指示向下滑动，为接听；向上滑动，为拒绝接听；向右滑动则为拒接并发送短信告知对方原因。

（图 2-4 中为了保护当事人隐私，隐去了号码和照片）。

图 2-3   图 2-4

2.1.1.3 保存电话

　　保存电话和拨打电话的初始步骤都是输入电话号码，但是不点击拨号键。我们注意到输入号码后，有新建联系人和更新到已有联系人两个按钮。新建联系人意味着我们之前没有存过这个人的号码；更新到已有联系人则意味着我们之前已经保存过这个人的手机号，只是现在他换号了，或者是现在要保存他的第二个号码。

　　两个过程是相似的，下面我们以新建联系人为例，进行说明。

图 2-5   图 2-6

图 2-5 中，选择点击新建联系人后，会出现图 2-6 一样的画面，之后编辑联系人的姓名，然后点击右下角的保存键，就成功保存联系人了。

2.1.1.4 拨打通讯录电话

在手机界面里选择联系人图标，点击进入联系人界面（图 2-7）。

然后在联系人列表里上下滑动，直到找到联系人张三为止，如图 2-8 所示。或者在右侧字母栏点击联系人姓氏拼音的首字母，能够更快速地找到联系人。

图 2-7

图 2-8

然后，点击联系人姓名，进入如图 2-9 所示的界面。我们在图中框住的部分可以看到话筒和消息气泡样式的按钮，其中点击话筒状的图标即可拨打电话，点击消息气泡样式的按钮即可给他发送短信。

2.1.2 发短信

在上一小节所述的发送短信方法中，点选消息气泡样式的按钮之后，会出现如图 2-10 所示的画面。这样我们就在红框圈住的文本框中输入想要发送的内容，然后点击右侧红框所示的纸飞机样式的按钮，短信就发送成功了。

图 2-9

2.1.3 照相机

在手机的程序界面里，找到相机的图标（图 2-11），点击进入。

图 2-10

图 2-11

2.1.3.1 拍照

拍照是手机的常用功能，进入相机界面后就打开了摄像头，如图 2-12 所示，点击红框中带有相机图案的按钮，就可以拍照了。

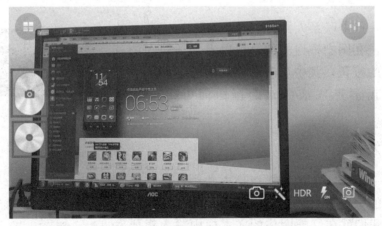

图 2-12

2.1.3.2 录像

图 2-12 中，如果点击下方的中心带有红点的按钮就会进入录像的界面，如

图2-13所示,这时中心带有红点的按钮,会变成一个中心为红色方块和两条竖线样式的两个按钮,其中中心为红色方块的按钮表示停止录像并保存,两条竖线的按钮表示暂停录像,暂停可以人工跳过一些不想被录下的场景。

图2-13

图2-13中右下角的数字提示已经开始录像的时间长度,加减号的滑杆可以上下滑动,用于放大缩小画面。

2.1.3.3 使用前置摄像头自拍

现在比较流行自拍,下面介绍如何使用前置摄像头自拍(图2-14)。

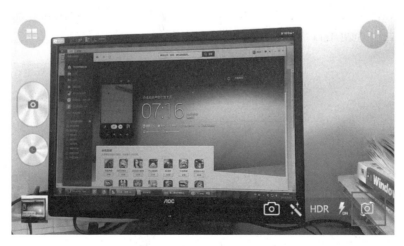

图2-14

依然是先进入照相机的界面,注意画面右下角带有箭头的相机按钮,点击,会发现屏幕画面转换了，如图1-15所示，这样就可以自拍了。笔者没有选择出境，图1-15中显示的是手机上方的天花板。

图 2-15

再次点击画面右下角的带有箭头的相机按钮，可以将画面从前置摄像头的角度转换到后置摄像头。转换为之前的视角。

为了满足人们自拍的需求，市场上出现了一种专用于自拍的自拍杆（图2-16），相信很多朋友都用过自拍杆，不过笔者在这里提醒大家：使用自拍杆的过程中需要注意环境的安全，也要避免自拍杆对他人带来的不便。同时很多地方，比如剧院、博物馆等场所会禁止观众和参观者使用自拍杆，希望大家配合相关场所的要求，合理使用自拍杆。

图 2-16

2.1.4 常用设置

　　这一小节的介绍，以一部运行版本号为4.4.2的安卓手机为例，对于其他同样采用安卓系统的手机，设置的步骤几乎都是一样的。同时本小节中的各种设置，都要先进入手机的系统设置程序，如图2-17所示。

2.1.4.1 显示和字体调整

　　进入了系统设置程序之中，上下滑动界面，找到显示的位置，如图2-18所示，点击进入；这时候，我们看见了亮度、字体大小、旋转屏幕等设置，这3个设置通常是最常用的设置、亮度设置，点击亮度按钮后，会进入如图2-19的设置界面。其中自动调整亮度是手机通过内置的光线传感器，识别手机所处环境的亮度，来调节手机屏幕的亮度。推荐使用这个设置，很方便。如果不想自动调整，可以拖动下方的调节槽，以调整到想要的亮度。

图2-17

图2-18

图2-19

　　另外，在比较新版本的安卓系统里，在下拉菜单中，就能快速调节屏幕亮度。如图2-20所示。

在刚才的显示设定页面里，点击字体大小按钮，进入字体的设置，如图 2-21 所示。

图 2-20   图 2-21

这时，就可以进行字体大小的设置了。

旋转屏幕设置，在显示中有旋转屏幕的按钮（图 2-22），点击进入。

图 2-22

屏幕旋转会保证画面一直是铅锤方向的，我们打开旋转屏幕，再把手机横放，就会得到图 2 - 23 的效果。

图 2 - 23

2.1.4.2 铃声和音量

在最初的系统设置界面里，先点击铃声和音量图标（图 2 - 24），进入声音设置。点击音量进入音量设置（图 2 - 25）。

图 2 - 24

图 2 - 25

其中来电、信息音量，调节来电铃声和短信提示声的音量；通知调节邮件等应用发出通知时候的音量；媒体调节听歌看电影打游戏等场景下的音量；而闹钟则是调节闹钟的音量大小。每一种音量可以自行设置。

另外声音设定里还有很多很多的选项可以设置，比如通过来电铃声和信息铃声的设置可以将铃声都可以改成我们自己想要的声音（图2-26）。

2.1.4.3 日期和时间

还在手机的系统设置里，上下滑动，找到日期和时间设置（图2-27）。

进入后，第一项是自动日期和时间（图2-28），如果手机联网，可以勾选这一项，手机会自动设定成网上的时间，这个时间最准。当然，如果没联网，也可以自己设置。

图2-26   图2-27   图2-28

首先去掉自动设置的对钩，然后依次点击下面的设置日期和设置时间就可以进行设置了（图2-29）。

图2-29

2.1.5 常用工具

2.1.5.1 时钟和闹钟

和之前一样，我们可以在手机的程序界面里找到时钟的图标（图 2-30）。

进入时钟的界面，有几个标签页，在闹钟的标签页中。可以选择图 2-31 中的添加闹钟来添加新的闹钟，或者，点击上方已经设定的闹钟时间进行更改。

图 2-30

图 2-31

两种方式，都会进入类似的页面，进行设定，如图 2-32、图 2-33 所示（不同的手机可能这个地方设置方式有所不同）。

拨动表盘的指针就可以调整到您想要的时间了。

如果想使用秒表的话，可以通过之前的秒表标签页按钮进入秒表界面，点击开始按钮，就可以开始计时了。此时开始按钮就会变成停止按钮，我们再次点击，就实现了掐表的功能，这比使用普通手表准确得多。

2.1.5.2 日历

想看看下周日是几号，农历初几？这个时候，手机里的日历就派上用场了。

和之前一样，一般在应用程序的页面里就能找到日历应用（图 2-34），点击进入。

从图 2-35 可以看到，节气和节日一目了然。

图 2 - 32

图 2 - 33

图 2 - 34

图 2 - 35

2.1.5.3 手电筒

日常生活中，我们经常会碰到走夜路、查水表电表或者在黑暗环境下找东西的情形，这时候总会希望手里能有一把手电筒。手机就可以当手电筒使用，多数手机在下拉菜单中就有手电筒的功能（图 2 - 36）。点击，就可以打开，想要关闭的话，只需要再次点击。

图 2－36

2.1.5.4　计算器

碰到一些难算的算数可以用手机里的计算器。在手机程序界面里，可以找到计算器的图标，点击进入。

这样就可以用计算器进行计算了。和生活中的计算器一样，图 2－37 中的 C 表示清空所有输入，输入想要计算的数之后点击等于号，就可以了。

图 2－37

2.1.6 常见问题

2.1.6.1 系统升级

系统升级，可以提升操作系统的性能，使手机变得更好用。系统更新有一些注意事项：

1. 保证手机里存有足够多的电量。如果在更新未完成的时候因为电量过低而自动关机，可能会造成手机系统的损坏。

2. 系统更新需要从网络上下载需要的文件，在更新前确保手机已经接入WiFi网络，或者手机4G流量充足，避免产生过多的流量费用。

手机系统升级的步骤：

点击系统设置的图标（图2-38），进入系统设置选项。

在页面中找到"关于手机"的选项（图2-39），点击进入。

图2-38

图2-39

在其中找到"系统更新"的选项（图2-40），点击进入。

在"系统更新"页面如果看到"发现新版本"字样（图2-41），说明有系统更新等待安装，这时点击屏幕下方的"立即更新"就可以更新系统了。

图 2 - 40　　　　　　　　　　　　　　　图 2 - 41

2.1.6.2　手机提速

　　手机使用时间久了会越来越慢。尤其对于安卓手机，内存大小直接影响运行速度。因此要养成良好的手机使用习惯，及时清理内存，禁止自启动应用，删除残留垃圾，这样才能发挥手机最大性能。

　　前文我们提到过，程序运行完毕后，按返回或 HOME 键并不是关闭程序，只是将其切换到后台，程序其实还在运行，既占用 CPU 又占用内存。不关闭，既费电又拖慢手机速度。我们一定要在使用后及时将其关闭，这样才能释放出其占有的内存。有些程序按返回键会提示是否退出，如果不提示，按菜单键，一般会找到退出选项。

　　有些程序即使手动关闭了，还会残留一些进程继续占用我们宝贵的内存，这时就需要手动将其强行退出了。打开手机主菜单（图 2 - 42），选择"设置"＞"应用"，在这里能看到当前打开的所有应用和后台服务（图 2 - 43），根据自己的需求，关闭不需要的进程。

　　如果你认为手动关闭麻烦，还可以安装第三方工具实现一键清理。这类第三方工具很多，比如腾讯手机管家、百度卫士等。启动相应第三方工具，就能看到"手机加速"功能（图 2 - 44），点击加速，软件会自动将不用的程序关闭，释放更多的内存。

　　有些程序，安装后会开机自动运行，这些自动运行的程序有些是必需的，比如微信，开机不运行就不能实时收到好友的消息，但有些程序完全没有必要自动运行，我们需要手动将其剔除出开机自动运行名单。方法同样使用第三方安全工具的手机加速功能，里面有个设置自启动项的功能，打开后会看到所有自启动的程序（图2-45），一一将其禁用，下次开机它们就不会自动运行了。

图2-42

图2-43

图2-44

图2-45

有时手机用久了，即使你经常清理内存，也禁止了不必要的程序自运行，手机速度还是很慢，我们就需要使用终极办法——恢复出厂设置（图2-46）。打开手机的设置菜单，找到"重置"，即可恢复出厂设置。恢复出厂设置后，手机内所有的应用、信息、电话簿都将被清空，手机恢复到刚买来时的状态，建议慎重使用！

由于恢复出厂设置会删除所有信息，恢复前一定要做好备份！一般手机都有备份和恢复功能（图2-47），可以将你的个人信息等资料备份到存储卡里（要保证存储卡有足够的剩余空间用于备份），恢复出厂设置后，再使用同样功能恢复回来即可。如果你手机没有这个功能，可以安装一款叫"钛备份"的APP，实现资料备份，也可以在电脑上安装91手机助手等手机管理软件，使用里面的备份功能备份资料。

图2-46

图2-47

有些人说刷机也可以让手机恢复原来的速度，其实刷机后的手机和恢复出厂设置一样，都是将手机设置成最初始状态，但如果刷错了ROM包，手机速度有可能大不如前，甚至无法还原成原来的系统。刷机有风险，操作需谨慎。

2.1.6.3 通讯录备份

手机内最重要的数据可能就是联系人信息，通讯录需要及时备份，当手机损坏、丢失或更换时，可以及时恢复通讯录。这里介绍一款可以把通讯录备份到云端的软件——QQ同步助手（图2-48）。

QQ同步助手的使用非常简单，点击右边的大按钮（图2-48），输入QQ账号进行登录。

登录后，软件自动开始同步（图2-49）。

图 2-48

图 2-49

同步完成后，联系人信息就存储在云端了（图 2-50），当手机通讯录丢失后，点击大按钮，即可从云端恢复通讯录，如图 2-51 所示。

图 2-50

图 2-51

2.1.6.4 故障处理

◇ **显示不在服务区或者网络故障**

可能是用户正处于地下室或建筑物中的网络盲区，或者处于网络未覆盖区。可以换个地方接收信号。

◇ **电话无法接通**

当位于信号较弱或接收不良的地方时，设备可能无法接收信号，走到其他地方后再试。

◇ **待机时间变短**

可能是所在地信号较弱，手机长时间寻找信号所致，可以关闭手机；也有可能是电池使用时间过长，电池使用寿命将尽，可以到手机厂商指定地点更新电池。

◇ **不能充电**

有三种可能，一是手机充电器工作不良，可以与手机厂商指定维修商或经销商联络维修。二是环境温度不适宜，可以更换充电环境。三是接触不良，可以检查充电器插头。

◇ **不能添加联系人**

可能是联系人存储已满，可删除部分原有的无用条目。

◇ **设备无法打开**

可能是电池电量用尽，充电；也可能是电池未正确插入电池槽，可以重新插入电池。

◇ **触摸屏反应缓慢或不正确**

可能是触摸屏幕时佩戴手套或者手指不干净；或者触摸屏之前在潮湿环境中使用或有水渗入，引发了故障。如果触摸屏受到刮擦或损坏，请联系手机厂商服务中心。

◇ **手机很热**

当使用耗电量大的应用程序或长时间在设备上使用应用程序，手机摸上去就会很热。这属于正常现象，不会影响设备的使用寿命或性能。如果手机过热，建议暂停使用或者使用风扇等方式散热。

◇ **照片画质比预览效果要差**

照片的画质和拍照的环境有关，如果在黑暗的区域比如夜间或室内拍照，可能会出现图像模糊，也可能使图像无法正确对焦。

2.2 连接网络

2.2.1 4G 上网

在上网前，先确保您的手机号码开通了上网的功能，同时上网的流量足够。如图 2-52 所示，我们从屏幕最上边的边缘手指向下滑动，拉下来的菜单

（下拉菜单）里，点选如图 2-53 所示的数据连接（有些其他的手机里会直接显示为 4G），等待图标从灰色（表示网络关闭）变成彩色（表示网络开启）。手机就连接上网络了（图 2-54）。

图 2-52

图 2-53

图 2-54

2.2.2 WiFi 上网

WiFi 即无线网络，通常家里的 WiFi 都是通过无线路由器把有线的宽带网转换为无线网而成的。

进入 WiFi 设置界面的方法有两种：

1. 当手机连接 WiFi 时，同样进入下拉菜单，长按图 2-55 中的 WLAN（含义为无线局域网）图标。

2. 我们先找到手机里的系统设置图标（图 2-56）。

点击进入后，找到 WLAN 按钮（图 2-55）。

再点击 WLAN 按钮。

经过了刚才的步骤，我们如愿进入了 WiFi 的设置界面（图 5-56）。

现在，我们试图连接这个名为 UnStable 的 WiFi，当然，前提是我们已经知道了这个路由器的密码。

首先，我们点击这个名字。这时候，路由器会要求我们输入密码，当我们把密码正确输入后，点击连接按钮（图 2-57），就成功连上了 WiFi。使用 WiFi 不用在意流量的问题。

图 2-55   图 2-56   图 2-57

2.2.3 开启手机热点

开启手机热点，可以将自己的手机的流量以 WiFi 的形式分享给其他人的手机或者自己的电脑等设备使用。开启之前确认手机流量充足，否则可能产生超额的流量费用。下面介绍如何开启手机热点，首先要找到系统设置图标（图 2-58），点击进入。

图 2-58

手机热点（图 2-59）如果没有单独分列出来，一般会放到名为"更多"的设置页里（图 2-60），我们找到它并点击进入。

这时候，只要点开右上角的开关，个人热点就打开了（图 2-61）。

于是我们就开启了一个个人热点，如图 2-60 所示，其他的设备可以通过密码连接（图 2-61 是连接一个密码为 4bf514e17f1f 的名为 Lenovo A808t 的 WiFi），来共同使用这部手机的数据流量了。

图 2-59

图 2-60

图 2-61

2.2.4　注意事项

手机一旦超出了预定的流量额度，多出来的流量就会变得异常昂贵。现在网络运营商的政策对流量的清零政策已经放宽，基本上可以做到本月未用完的剩余流量可以留给下月使用。

手机流量超额了，可以根据后面可能会用的流量值，尽快购买一个可以叠加的流量包（图 2-62）。这样，购买之后超出部分的资费不至于高得离谱，从而降低了产生高额话费的可能。

我们以联通的网络为例，超出流量每 M 的价格为 0.3 元。如果超出了流量，并且仍然毫不知情，之后又消耗了 200M 的流量，那就产生了 60 元的话费，这已经不算是一个小数目了。而如果在超出流量的时候，我们及时购买两个图 2-62 中的"流量加油包"，就可以省下 40 元，当然我们还是多花了 20 块钱。所以说，控制流量很重要。

最开始手机上网的几个月里，一定要慢慢地提高流量的使用，最后探索出一个合理的用量，达到既不浪费又能满足需求的平衡。收发邮件、看电影、听音乐或者看大量的图片，这些行为都会极大地消耗流量。

网络运营商提供了免费的余额查询服务，通过拨打免费电话或者发送免费短信的方式，就能及时知道自己的流量剩余情况。图 2-63 就是使用联通的短信查询服务，只需要向联通的服务号码 10010 发送 LLCX（流量查询的拼音缩写）即可得到流量使用情况的短信回复。

图 2-62　　　　　　　　　　　　　　　　　　图 2-63

2.3　手机软件

2.3.1　APP 的安装

目前，主流的智能手机平台是 iOS 与安卓平台。iOS 平台相对封闭，APP 的下载与安装只能通过官方的 APP Store 进行，有的应用需要付费才能下载。安卓平台比较开放，市面上有大量的应用商店，安装应用基本是免费的。APP 可以通过手机自带的下载软件来下载，但是也有一些专业的手机助手，比如豌豆荚、360、百度，可以考虑下载安装。

我们以安装手机 QQ 为例，分别介绍 iOS 平台和安卓平台的应用安装方法。

对于 iOS 平台，首先打开 App Store，切换到「搜索」标签（图 2-64），在屏幕上方的搜索栏输入 QQ，在搜索结果中找到 QQ，如果该 Apple ID 从未安装过 QQ，点击右部的获取按钮，在弹出的对话框中输入 Apple ID 和密码，确认后开始下载，如果以前安装过，直接点击下载按钮即可安装，安装完成后手机桌面就可以找到 QQ。如图 2-65 所示。

对于安卓平台，存在大量的第三方应用商店，这些第三方应用商店的使用方法大致相同，只是在收录的应用软件在数量、质量方面有所差别。常见的应用商店有腾讯应用宝、360 手机助手、百度手机助手、91 手机助手、豌豆荚、安卓市场、安智市场等。这里以豌豆荚为例演示 QQ 的安装方法。

首先要安装豌豆荚 APP（图 2-66），打开手机浏览器，访问豌豆荚官网 https://www.wandoujia.com，点击「立即下载」，即可下载豌豆荚安装包，如图 2-67 所示。

打开下载的安装包文件，点击「下一步」，安装豌豆荚 APP。

打开豌豆荚 APP，在应用顶部的搜索栏中输入关键词「QQ」（图 2-68）。

在搜索结果中找到「QQ」，点击安装即可（图 2-69）。

图 2-64

图 2-65

图 2 - 66

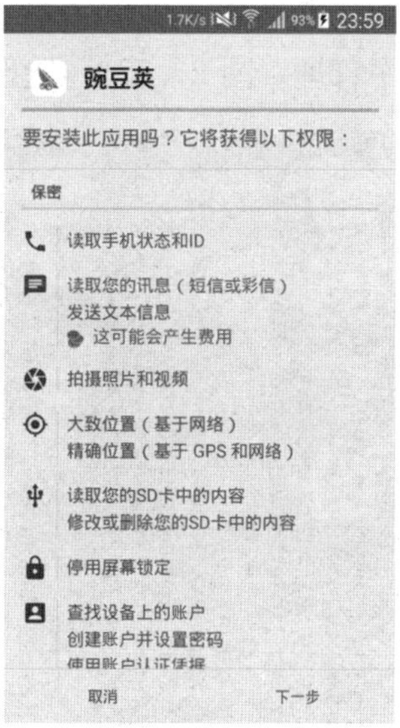

图 2 - 67

图 2 - 68

图 2 - 69

2.3.2　软件的升级卸载

　　iOS 平台卸载 APP 十分方便，直接在桌面上长按需要卸载的软件图标，待图标左上角出现叉号的时候，点击叉号即可卸载，如图 2 - 70 所示。

41

对于安卓平台（图 2 - 71），通用的方法有两种：一是在手机的设置里找到应用程序管理（图 2 - 72），选择想要删除的应用，点击卸载，如图 2 - 73 所示。

图 2 - 70

图 2 - 71

图 2 - 72

图 2 - 73

很多应用管理软件如豌豆荚等都有卸载 APP 的功能，可以快速卸载应用。以豌豆荚为例，点击搜索栏右边的按钮，进入应用管理界面，然后切换到已安装标签，会出现已安装应用的列表，点击应用右边的卸载按钮即可卸载。

点击升级标签，可以查看可升级的应用，点击升级按钮即可升级应用版本，建议及时更新手机中的 APP。对于 iOS 系统，在 App Store 中即可升级 APP。

第 3 章
手机改变生活

3.1　网看世界

3.1.1　浏览器

浏览器是用来浏览网页的应用程序。几乎每个手机出厂时都内置了浏览器，此外，还有众多的第三方浏览器，第三方浏览器往往提供了比内置浏览器更丰富的功能。常见的浏览器有 UC 浏览器、QQ 浏览器、360 浏览器、欧朋浏览器、百度浏览器等。手机浏览器的常见功能有多窗口管理、网址导航、书签、书签同步、夜间模式等。我们以 Android 平台下的 UC 浏览器为例，介绍浏览器的使用方法。

打开 UC 浏览器，主页如图 3-1 所示。

在「搜索和地址栏」中输入关键词可以直接百度搜索，搜索 QQ，如图 3-2 所示。

图 3-1

图 3-2

44

点击主页键可以返回主页，在地址栏直接输入网址，可以直接访问网页，如输入 www. baidu. com 即可进入百度首页，如图 3-3 所示。

点击窗口键，即可出现窗口管理界面，如图 3-4 所示，可以切换浏览窗口，关闭或新增窗口。

图 3-3

图 3-4

在这个界面，点击关闭即可关闭当前网页的浏览窗口，点击返回会回到上一个界面，点击新增，可以增加一个新的浏览窗口，左右滑动屏幕切换窗口。在这里，我们先点击关闭，关闭浏览百度的窗口，再点击新增，这时会出现一个新窗口（图 3-5）。

下面介绍浏览器的书签使用方法，浏览器是通过网址访问网站的，浏览器可以帮我们记住常用网站的网址，这样就可以避免重复输入网址。下面演示如何将网址添加到书签（图 3-6）。

在浏览器中访问 jd. com，打开网址后，点击菜单，在弹出的菜单中选择收藏网址，选中书签后确定即可。

成功添加书签后，点击菜单键，再点击书签/收藏，即可打开查看书签，点击编辑，可以对书签进行命名、删除、分组等操作。

3.1.2 搜索工具

当需要查找信息时，在搜索引擎中输入关键词，就可以看到相关的网页。

图 3-5

图 3-6

　　国内常用的搜索引擎有百度、360 搜索、搜狗等。百度（www. baidu. com）是国内使用最多的搜索引擎。在手机上使用百度非常简单，只需要打开手机浏览器，在地址栏（图 3-7）输入百度的域名：www. baidu. com，即可进入百度主页。

图 3-7

图 3-8

在搜索栏中输入想要查询的关键词，点击百度一下，就可以查看搜索结果。假如我们需要查询小米和三星手机哪个好，就可以直接输入小米和三星哪个好，结果如图 3-8 所示。

上下滑动屏幕，可以看到很多相关网页，要特别注意的是，图 3-8 中排在前面的 3 个网页底部有推广标志，简单地说，有推广标志的是搜索引擎推送的广告，与我们的要搜索的内容并无太大关系，所以在使用百度搜索时，注意尽量不要点击有推广标志的链接。

当然，百度也可以输入多个关键词，例如，我们输入小米三星即可找到与小米和三星相关的网页（图 3-9）。

百度搜索有搜索建议功能，可以根据你输入的关键词，推荐更加具体准确的关键词或者相关的关键词。在搜索结果页的底部，可以看到很多候选的关键词，点击即可搜索，如图 3-10 所示。

此外，百度还有输入纠正的功能，比如，输入 xiaomi 或小迷，都会默认展示小米的搜索结果，但是如果确实想搜索 xiaomi 或者小迷，在搜索结果页可以点击仍然搜索，如图 3-11 所示。

图 3-9

图 3-10

图 3-11

3.1.3 聊天工具

3.1.3.1 微信

微信是移动互联网时代最为火爆的聊天应用，几乎是智能手机的必备软件。我们介绍微信的一些基本使用方法。

如果没有微信账号，首先要注册微信账号。打开微信后，点击注册按钮，填写昵称、手机号和密码后即可注册（图 3-12）。

图 3-12

注册微信账号后，就可以添加好友了，在主界面点击右上角的加号（图 3-13），选择添加朋友，再输入对方的微信号就可以添加了，如果对方是通过手机号码注册的，也可以输入手机号添加。发出添加申请后，对方同意后就成为好友了。

图 3-13

有了好友就可以开始聊天了，在首页点击聊天对话就可以进入聊天界面，也可以在通讯录中找到好友发送消息。聊天界面如图 3-14 所示。

输入框可以输入文字消息。点击输入框左边的语音按钮可以切换到语音模式，发送语音消息（图 3-15）。

在输入框右边是表情按钮，点击可以选择表情发送（图 3-16）。

点击最右边的加号，可以选择其他功能，图 3-17 标记出了最常用的几个功能。

图 3 - 14

图 3 - 15

图 3 - 16

图 3 - 17

　　点击照片，可以打开照片相册，选择想要发送的照片，就可以把照片发送给好友了。视频聊天功能可以通过微信进行视频或者语音聊天。红包功能可以给对方发送红包，第四章会详细介绍。

　　微信的朋友圈功能（图 3 - 18），类似于 QQ 空间，可以在朋友圈分享图片、文字消息、网页、视频等。在微信主界面，点击发现按钮，再点击朋友圈，即可进入朋友圈。

朋友圈可以看到好友发布的状态的内容和时间以及其他好友的互动，如图 3-19 所示。与 QQ 空间不同的是，朋友圈只能看到双方共同好友的互动。

图 3-18

图 3-19

每条状态后方都有一个小对话框，点击可以选择评论或点赞，与好友互动（图 3-20）。

图 3-20

图 3-21

在朋友圈的右上角，有一个相机图标，点击可以发布自己的朋友圈状态，如图 3-21 所示。

点击从手机相册选择，选好照片后，可以设置所在位置，以及消息的权限，即允许和不允许哪些人看（图 3-22）。

编辑完成后点击右上角的发送就可以发状态了，如果要发文字消息，长按照相机图标即可（图 3-23）。

图 3-22

图 3-23

微信与支付相关的内容在之后单独讲解。

3.1.3.2　QQ

QQ 也是腾讯公司推出的聊天应用，也推出了手机版。手机 QQ 的使用与微信类似，但比微信简单。

手机 QQ 的界面是这样的。

布局与微信大致类似，首页展示消息列表，从下方的标签栏可以切换到联系人列表（图 3-24）。

点击好友，即可开始聊天，聊天界面如图 3-25 所示。

输入框的下方有一排快捷按钮，分别是语音、视频、图片、照相、红包和表情等（图 3-26）。

在主界面的动态标签里，可以进入 QQ 空间，即图 3-27 中的好友动态。

图 3 - 24

图 3 - 25

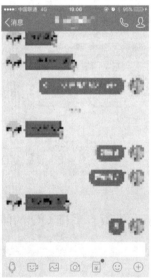

图 3 - 26

图 3 - 27

3.1.4　资讯与服务

3.1.4.1　CCTV

　　大家经常看电视，很多人都喜欢看 CCTV 新闻，可以说，CCTV 是国内首屈一指的官方媒体，它汇集了不少来自主流媒体，以弘扬社会正能量为核心的新闻报道。要想关注国家大事，可少不了 CCTV。接下来就讲讲怎么使用 CCTV。

首先在应用市场搜索"央视新闻"，点击下载并安装（图 3 - 28）。

之后在桌面上找到央视新闻，并打开（图 3 - 29）。

图 3 - 28

图 3 - 29

可以看到"央视新闻客户端服务使用协议"，点击同意即可（图 3 - 30）。接着就进入到右侧的"要闻"的界面，点击上方的"财政""体育""军事""看台湾"等即可查看相关的新闻（图 3 - 31）。

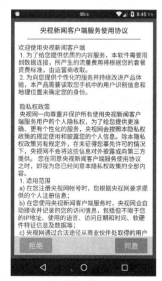

图 3 - 30

图 3 - 31

可以点击下方的时间链，按照时间排序查看新闻（图 3 - 32），也可以点击"电视＋"，查看 CCTV 央视新闻的直播等（图 3 - 33）。

图 3 - 32

图 3 - 33

3.1.4.2 人民网

人民网是世界十大报纸之一《人民日报》建设的以新闻为主的大型网上信息发布平台，是国家重点新闻网站，也是互联网上最大的中文新闻网站之一。人民网的版本很多，除了中文版（图 3 - 34），还包括 7 种少数民族语言及 9 种外文版本。

图 3 - 34

人民网用文字、图片、视频、微博、客户端等多种手段，每天 24 小时在第一时间向全球发布丰富多彩的信息，内容涉及政治、经济、社会、文化等各个领域，网民覆盖 200 多个国家和地区。

通过手机人民网来关注国家大事十分便利。人民网提供的两种方式——可以选择在浏览器直接输入网址，也可以选择扫描二维码。

图 3－34 中也介绍了手机人民网的几大要点。可以关注最新的新闻，阅读人民网的相关报道、独家文章，也可以观看精彩的视频和优质的图片资讯。

首先来介绍手机人民网的界面以及操作。进入到手机人民网后，可以看到图 3－35 的界面。

手机人民网分了很多版块，如图 3－35 中的新闻、财经、军事、体育、娱乐、科技等。点击对应的标题，即可进入到相应的新闻版块。如要关注一下军事相关的新闻，点击图 3－36 中的军事，即可看到很多军事新闻。

手机人民网还提供了导航的功能，点击右上角红色框起来的图标，即可进入图 3－37 的导航页面。

图 3－35

图 3－36

图 3－37

在这里，可以看到更细致的分类，点击感兴趣的标题，就可以浏览相应的新闻了。

3.1.4.3 农业部网站

农业部网站由中华人民共和国农业部信息中心于 1996 年承办，主要具备新闻宣传、政务公开、网上办事、公众互动和综合信息服务等功能，是我国目前最具权威性和广泛影响的中国国家农业综合门户网站。可以查询农业信息公开、农业法律法规章等。

在浏览器的网址栏输入 www.moa.gov.cn，点击确认即可进入。进入网站后，将看到如图 3-38 所示的网页。

图 3-38

3.1.4.4　中国农村远程教育网

中国农村远程教育网，是中央农业广播电视学校的官方网站，是农民获取农业信息，学习农业技术，进行技术推广的重要渠道。

中央农业广播电视学校创建于 1980 年 12 月，是由农业部、财政部、中央人民广播电台等 21 个部委（或部门）联合举办，农业部主管的，集教育培训、技术推广、科学普及和信息传播等多种功能为一体的综合性农民教育培训机构。其主要承担中等学历教育、中专后继续教育、大专自考助学与合作高等教育以及绿色证书教育培训、新型农民科技培训、农村劳动力转移培训、创业培训、职业技能鉴定、各种实用技术培训和新闻宣传、信息服务、技术推广等任务。

可以通过访问 www.ngx.net.cn 进入农广校网站，进入后将看到如图 3-39 所示的网页。

图 3-39

点击网络教育，进入农广在线（图 3 - 40）。农广在线是面向全国农民科技教育机构、农民科教工作者、农技推广员、广大农民及涉农人士的专业服务平台，旨在围绕农科教大联合、产学研大协作，搭建教育培训、科研和技术推广机构、农业企业、广大农户交流互动的公共服务平台，打造教育培训、科学普及、技术推广和信息传播的公共服务平台。

图 3 - 40

农广在线以中央农广校丰富的媒体资源为基础，集农业科技信息资讯发布、远程教育培训、媒体资源传播、技术咨询及推广普及等综合服务为一体，开设了农技视频、农事广播、农业技术、农家书屋、远程教育、网上课堂、在线培训、卫星讲堂、专家咨询及网上直播等 10 个频道、30 多个栏目，实现了农业视频、音频节目点播、图文形式农业技术资源、多媒体形式培训资源网上发布，以及基于互联网的远程培训、在线学习和咨询答疑等。

3.1.4.5 农科讲堂

按照《2015年农业部人才工作要点》和《2015年农业人事劳动工作要点》要求，为充分利用和发挥好全国农业远程教育平台教学手段先进、教学资源丰富等优势，农业部决定继续依托中央农业广播电视学校全国农业远程教育平台，举办网络大讲堂，大规模开展农业科技人员知识更新培训。

这一培训主要通过全国农业远程教育平台，聘请相关领域专家在北京的演播室授课，以卫星网、互联网同步直播的方式传送到全国各省（自治区、直辖市）农业广播电视学校系统，供相关人员学习。目前该培训已结束，但是培训视频仍然在网站上可以看到。到哪里去找到这些有用的培训视频呢？

在农广在线首页（http：//www.ngonline.cn），点击农业视频，之后选择农科讲堂，即可进入该栏目（图3-41）。

图3-41

3.1.4.6　12316"益农服务"平台

"益农服务"平台是农户获取服务的第一界面（图 3 - 42），通过开展农业公益服务、便民服务、电子商务服务、培训体验服务来提升农户信息获取能力、致富增收能力、社会参与能力和自我发展能力。为农户解决农业生产和日常生活中的问题，实现小户不出村、大户不出户就可享受便捷、经济、高效的生活信息服务。"益农服务"平台通过线上电脑、手机，以及线下益农信息社来实现整体联动，以完善的公益服务体系，丰富的便民服务内容来推进电子商务进村落地，从而提升农民线下体验效果。

"益农服务"平台实时发布的国家及地方的政策信息、村务通知、农资和农产品买卖信息、生活资讯等各类益农信息，农民打开手机即可查阅。提供最新的与农业部门或种养殖大户息息相关的本地农村政策、农业气象、农业科技、市场行情以及涉农信息等内容，让高价值农业信息快速、准确和及时地传递到千万农户中。"益农服务"平台可以提供网上商城代购，为农户代购生活用品及农资产品，并帮助农户售卖自家农产品；还可以提供电话费代充值、火车票/汽车票代订购、小额取现、快递收寄、购买保险、代缴水电煤气费等便民服务（图 3 - 43）。

图 3 - 42

图 3 - 43

3.1.4.7　云上智农

云上智农是农业综合服务平台（图 3 - 44），为广大农民打造"教育＋产业

＋生活"的全天候、全流程、全功能服务，不定时更新最新的农业科普知识。云上智农的农业综合服务平台，涵盖了生产、课程教学、专家咨询、政企合作、产销对接等功能。

可以通过手机浏览器访问 http：//app. ngonline. cn/，下载适合自己手机使用的 APP 版本。

农民学院提供海量教学视频，涵盖种植、养殖、畜牧、园艺等多个农业领域，更有专家、院士等特色教学，建立特色班级，随到随学，课程跟踪，考题自测，便于巩固学习成果；农业指导站有农业专家库提供农业专业问题解答，支持在线提问，农民也可以通过云上智农邀请专家解答农业生产中遇到的问题；农商交易所对接淘宝、京东等各大销售平台，帮助农产品销售；创客空间为职业农民提供创业指导、项目融资、项目众筹等服务；"三农"时报全面、及时地推送农业资讯，网罗最新农业头条，帮助农民掌握市场动态；管理中心提供精确、有效的数据分析服务。农民朋友可以根据需要在手机上得到权威的、专业、实用的农业服务。

图 3－44

图 3－45

点击右下角我，进入登录页面（图 3－45）。

如果还没有账号，输入手机号和密码（请牢记方便以后登录），然后点击马上注册（图 3－46、图 3－47）。

图 3 - 46

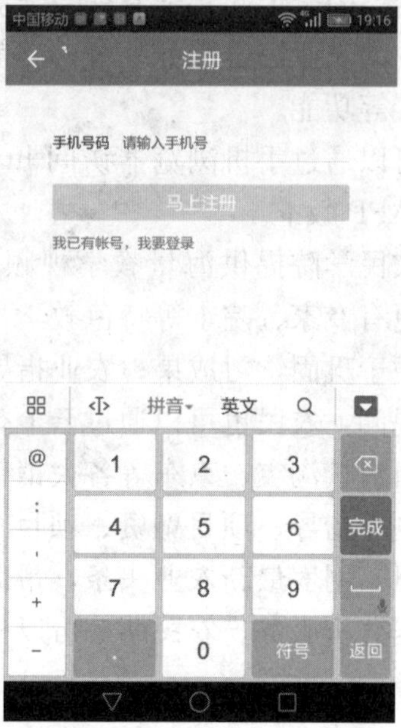

图 3 - 47

注册成功后可以免费接受云上智农提供的农业培训和服务（图 3 - 48）。

图 3 - 48

3.2 网上支付

3.2.1 网上银行

网上银行是银行提供的电子支付服务之一，方便用户通过互联网享受综合性的个人银行服务，包括转账汇款、缴费支付、个人贷款等。本节以中国银行为例讲解如何操作，其他银行的操作大同小异，流程上是基本一致的。

3.2.1.1 预备工作

要想使用网银，首先需要在银行柜台开通网上银行服务，然后银行的工作人员将会引导您激活网银，您会获得专属于您的用户名和密码，此外还会绑定您的手机号码用于接受各类提醒短信。

为了保证您的交易安全，会验证您的身份，通常会有以下一些验证手段。

（1）手机交易码

手机交易码服务是指您在网上银行交易确认过程中，用手机短信进行验证的一种交易认证方式。当您进行向第三方转账、自助缴费、网上支付、密码修改等操作时，将收到手机交易码短信。手机交易码由银行统一的客服号码发送，表3-1就是常见银行的客服号码。

表 3-1 各大银行客服号码

银行	客服号码	银行	客服号码	银行	客服号码
中国工商银行	95588	中国农业银行	95599	上海浦发银行	95528
中国建设银行	95533	中信银行	95558	福建兴业银行	95561
中国银行	95566	中国民生银行	95568	广东发展银行	95508
招商银行	95555	华夏银行	95577	深圳发展银行	95501
中国交通银行	95559	中国光大银行	95595	中国邮政储蓄银行	95580

谨记，手机交易码、验证码只有从对应银行的官方客服号码发来的才是真的，而且绝对不要将自己收到的手机交易码告诉他人，即使对方自称是银行或者政府部门的人。

交易码一般由 6 位数字组成。在需要使用手机交易码进行验证的网银或手机银行交易确认页面，设有手机交易码输入框和"获得交易码"按钮。点击"获得交易码",即可收到一条银行客服号码发送的短信,在框中输入交易码即可完成交易。

(2) U盾

U盾是一种以 USBKey 为载体、内植数字证书、为国内外银行普遍采用的高级别安全认证工具。它内置微型智能卡处理器,通过数字证书对电子银行交易数据进行加密、解密和数字签名,确保电子银行交易保密和不可篡改,以及身份认证的唯一性。图 3-49 是几种常见的网银 U盾。

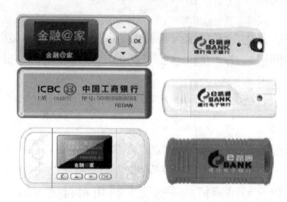

图 3-49

在开通网上银行时,银行一般会赠送您 U盾作为您的身份认证工具,可以查看 U盾附带的说明书学习如何使用。这里以中国银行的中银 e盾为例,对流程进行简单的介绍。

将中银 U盾插入计算机,系统会自动安装驱动。如未能自动安装,请打开"我的电脑→BOCNET 驱动盘",点击 Setup. exe 进行手动安装(图 3-50)。

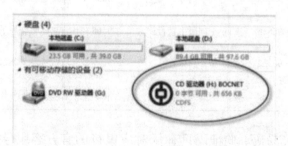

图 3-50

若操作系统为 64 位,请在中行网银登录页面下载并安装 USBKey 管理工具(64 位),见图 3-51。

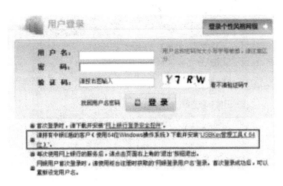

图 3-51

在安装过程中弹出如下提示（图 3-52）。

图 3-52

安装完成，弹出提示框，点击确定（图 3-53）。

图 3-53

如果计算机此前已经安装过中行网银 USBKey 数字安全证书管理工具，则插入 USBKey 时，不会重复安装。

首次使用中银 e 盾时，系统会强制要求修改 USBKey 初始密码，USBKey 初始密码为：88888888。中银 e 盾密码是只用于该 USBKey 数字安全证书的密码，可设置为 8 位字符，可以包括数字，字母或符号，不能是顺序或是相同的字符。建议设置时与网银登录密码有所区别，以提高安全保护作用（图 3-54）。

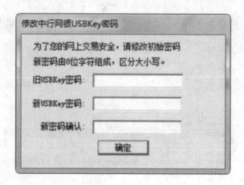

图 3 - 54

修改成功后有如下提示（图 3 - 55）。

图 3 - 55

上文详细地描述了 U 盾的使用流程，按步骤操作即可。如有问题，可向柜台工作人员寻求帮助。

（3）动态口令

动态口令是一种动态密码技术，简单地说，就是每次在网上银行进行资金交易时使用不同的密码，进行交易确认。不同银行都有推出不同的动态口令，但使用方法都是一样的，图 3 - 56 是一些常见的动态口令。

本文还是以中国银行推出的中银 e 令为例，进行一些相关知识的介绍。

中银 e 令（动态口令牌）是一种内置电源、密码生成芯片和显示屏、根据专门的算法每隔一定时间自动更新动态口令的专用硬件。基于该动态密码技术的系统又称一次一密（OTP）系统，即用户的身份验证密码是变化的，密码在使用过一次后就失效，下次使用时的密码是完全不同的新密码。作为一种重要的双因素认证工具，动态口令牌被广泛地运用于安全认证领域。动态口令牌可以大大提升网上银行的登录和交易安全。

中银 e 令的优点集中体现在安全和方便：一个口令在认证过程中只使用一

图 3 - 56

次，下次认证时则更换使用另一个口令，使得不法分子难以仿冒合法用户的身份；中银 e 令的使用十分简单，无需安装驱动，无需连接电脑设备，实现了与电脑的完全物理隔离，并且用户也不需要记忆密码，只要根据网上银行系统的提示，输入动态口令牌当前显示的动态口令即可。

中银 e 令的动态口令每 60 秒随机更新一次，显示为 6 位数字。中银 e 令的有效使用时间为出厂后三年（失效日期标示于动态口令牌背面）。超过有效使用时间后，中银 e 令将自动失效，需要亲自携带有效身份证件到柜台换新的。

（4）安全控件

网上银行为了保证安全性，在电脑上使用的时候还需要安装安全控件。接下来本文以中国银行为例，介绍一下如何安装安全控件。

访问中行门户网站（www.boc.cn），点击页面右侧的个人客户网银登录/个人贵宾网银登录框进入中行网银登录页面（图 3 - 57）。

图 3 - 57

点击网银登录页上的网上银行登录安全控件下载链接，然后根据向导提示进行下载（图 3-58）。

图 3-58

下载得到的程序叫做 SecEditctl. BOC. exe，运行并安装它（图 3-59）。

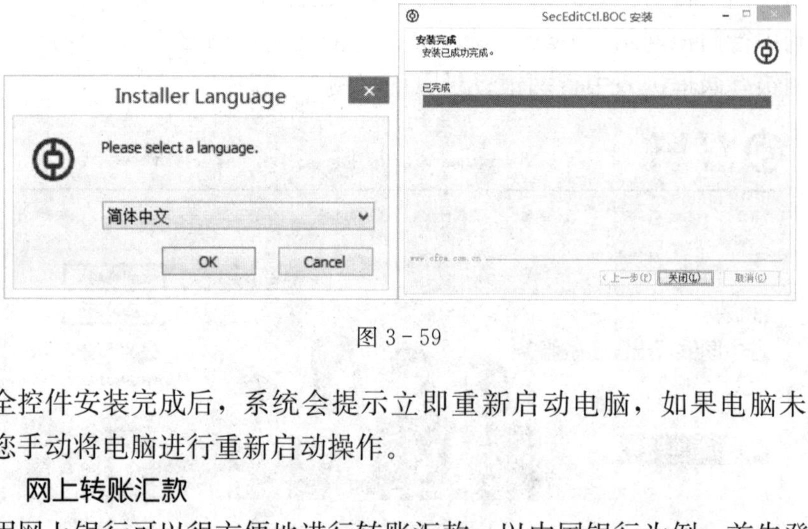

图 3-59

安全控件安装完成后，系统会提示立即重新启动电脑，如果电脑未重新启动，请您手动将电脑进行重新启动操作。

3.2.1.2 网上转账汇款

使用网上银行可以很方便地进行转账汇款，以中国银行为例，首先登录个人网上银行，然后点击页面左上方的转账汇款。

图 3-60

可以看到左侧有各种各样的转账汇款，比如中行内转账汇款、跨行转账汇款、外币跨境汇款等。这里以跨行转账汇款为例进行演示。点击左侧的跨行转账汇款，进入到图 3-60 所示的页面。

填写转入账户，收款人姓名，转入账户所属银行，开户行名称等相关信息，然后输入金额与手机号码，确认无误后，即刻点击下一步（图 3-61）。

图 3-61

点击获取验证码，然后手机会收到一个 6 位的数字验证码，填进手机交易码中，然后查看中行 e 令，将上面显示的 6 位数字输入进去。点击确认，如果信息无误，就可以完成转账了（图 3 - 62）。

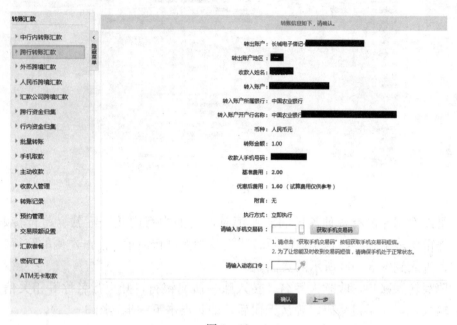

图 3 - 62

这就是通过中国银行网上银行进行转账汇款的操作，其他银行的操作大同小异，如有疑问可向当地银行柜台询问，或者查询使用手册。

3.2.1.3　网银支付

在网上进行支付过程中，常常需要通过银联在线支付收银台跳转到某家银行的网银页面，按网银界面要求输入支付信息并完成支付。接下来以中国银行为例，演示一下网银支付的操作流程如下：

当需要付款时，常常会碰到如图 3 - 63 所示的界面，选择网银支付。

这个时候选择中国银行，点击到网上银行支付，就会跳转到以下界面（图 3 - 64）。

选择网银支付，跳转到以下界面。在网银用户名和网银密码中分别输入在银行开通网上银行时所设置的用户名和密码，点击确定（图 3 - 65）。

图 3 - 63

图 3 - 64

图 3 - 65

登录以后的待付款界面如图 3 - 66 所示。

图 3 - 66

选择好付款账户，然后点击确定（图 3 - 67）。

图 3 - 67

点击获取验证码，然后手机会收到一个 6 位的数字验证码，填进手机交易码中，然后查看中行 e 令，将上面显示的 6 位数字输入进去。点击确认，如果信息无误，就可以完成付款了。

这就是通过中国银行网上银行进行付款的操作，其他银行的操作大同小异，如有疑问可向当地银行柜台询问，或者查询使用手册。

3.2.1.4 网上贷款

足不出户，在网上直接申请贷款，今天已经变为现实。这里以中国银行为例，演示一下应该怎么在网上申请贷款。

首先打开中国银行网上银行，登录个人网上银行。进入网上银行之后，首先进入的是欢迎页（图 3 - 68）。

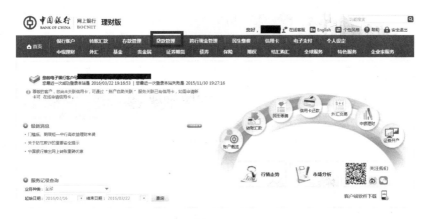

图 3 - 68

点击贷款管理（图 3 - 69）。

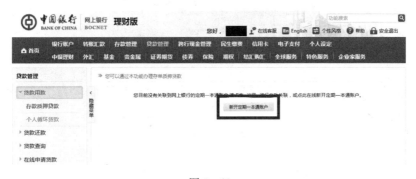

图 3 - 69

由于这个账户没有定期一本通账户，因此需要申请一个，点击定期一本通账

73

户（图 3 - 70）。

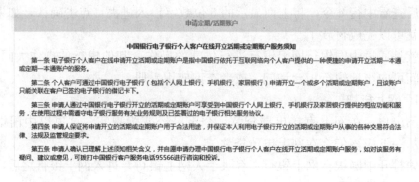

图 3 - 70

点击确认（图 3 - 71）。

图 3 - 71

点击下一步，绑定银行卡（图 3 - 72）。

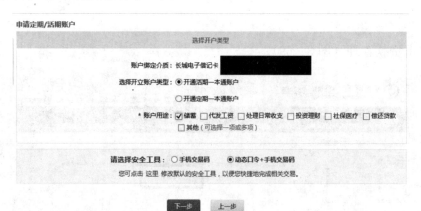

图 3 - 72

点击获取手机交易码，查收短信并填写手机交易码，并输入动态口令，点击确认（图 3 - 73）。

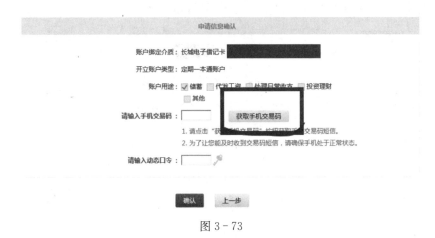

图 3-73

可以看到申请定期账户成功，如果您有其他的定期账户已经绑定在网银账户上，可以选择那些定期账号进行存款抵押贷款（图 3-74）。

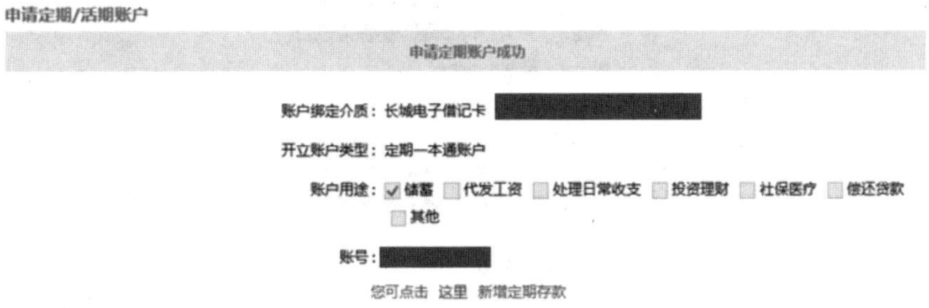

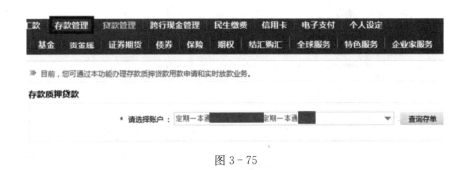

图 3-74

现在可以进行贷款了。点击页面上方的贷款管理（图 3-75）。

图 3-75

选择好账户，点击查询存单，就可以查询到能够用于贷款的存单。

选择某个存单用于抵押，然后点击申请贷款（图3-76）。

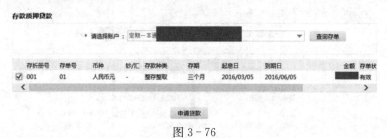

图3-76

填写贷款期限、金额、收取款账户，点击下一步（图3-77）。

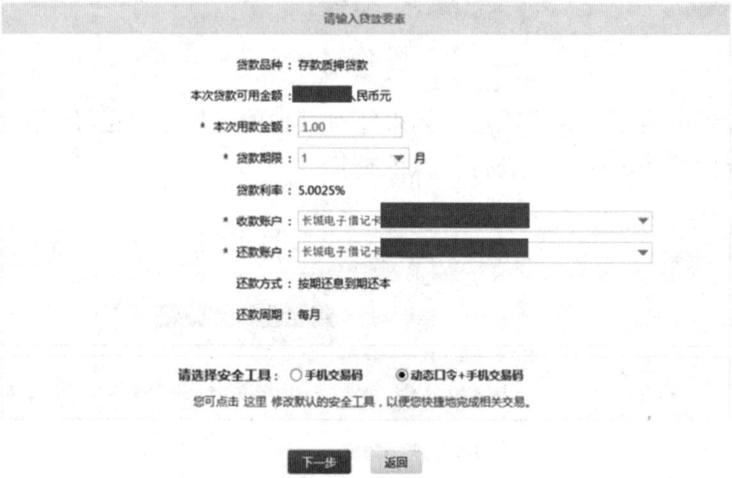

图3-77

接受贷款合同，点击确认（图3-78）。

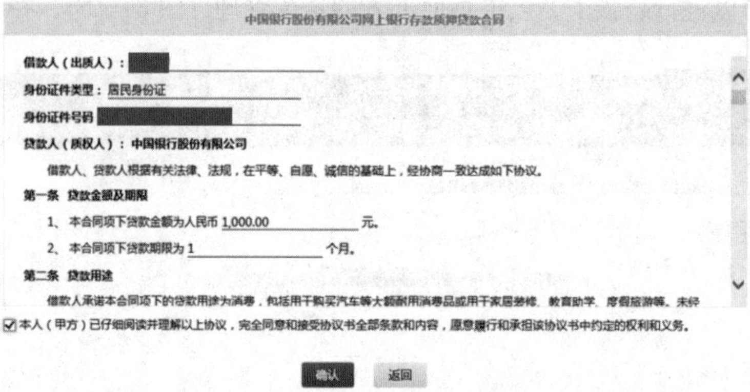

图3-78

跟之前一样，获取到手机交易码，输入动态口令，点击确认，就可以申请网上贷款了（图 3 - 79）。

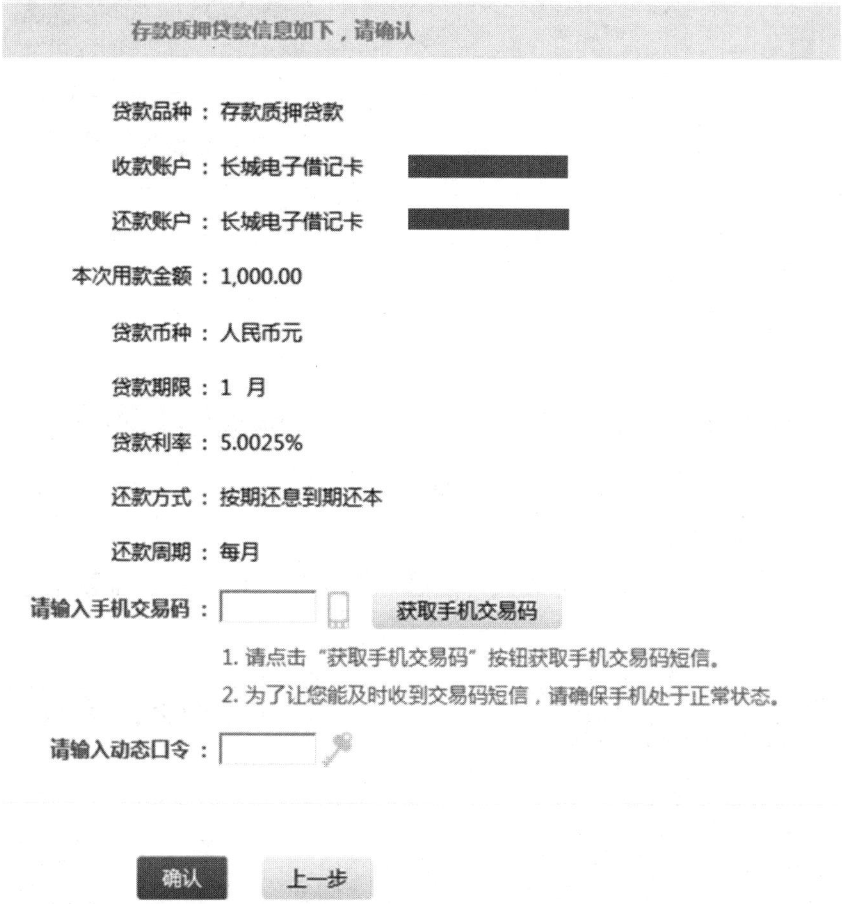

存款质押贷款信息如下，请确认

贷款品种 ：**存款质押贷款**

收款账户 ：**长城电子借记卡**

还款账户 ：**长城电子借记卡**

本次用款金额 ：1,000.00

贷款币种 ：**人民币元**

贷款期限 ：**1 月**

贷款利率 ：5.0025%

还款方式 ：**按期还息到期还本**

还款周期 ：**每月**

请输入手机交易码 ： 　　　　　 　 **获取手机交易码**

　　1. 请点击"获取手机交易码"按钮获取手机交易码短信。

　　2. 为了让您能及时收到交易码短信，请确保手机处于正常状态。

请输入动态口令 ：

确认　　　**上一步**

图 3 - 79

3.2.2 手机银行

3.2.2.1 安装与注册

这里本文通过中国银行的手机银行 APP "中国银行手机银行"进行演示（图 3 - 80），实际上不同银行的手机银行操作基本一致。

首先在应用商店里搜索并且下载安装好中国银行（图 3 - 81）。

图 3 - 80

图 3 - 81

打开中国银行（图 3 - 82）。

为了使用手机银行，首先要进行注册，点击左上角的登录，再点击自助注册（图 3 - 83）。

图 3 - 82

图 3 - 83

填写银行卡号、证件类型、证件号码、取款密码以及验证码，并选择同意《中国银行手机银行服务协议》，之后点击下一步。

可以看到中国银行手机银行的服务协议，点击接受。

接下来要填写自己的手机号码，并设置好密码，同时填写自己当时办理网银时的预留信息，点击获取，将手机收到的确认码填写好。然后点击确定（图 3-84）。

根据提示已经注册好了中国银行的手机银行，点击完成就可以回到主界面了（图 3-85）。

图 3-84

图 3-85

3.2.2.2 查询账户信息

首先登录手机银行，输入刚刚注册时的手机号、登录密码和验证码，点击登录（图 3-86）。

进入到手机银行的主界面了（图 3-87）。

首先看看账户上还有多少钱，以及最近的交易信息。点击账户管理，接着点击我的账户（图 3-88）。

可以看到这个账户里面有很多张卡和存折，来看看普通活期这张卡，点击它（图 3-89）。

可以看到这张卡最近的交易信息，每笔交易都有记录，点击全部还可查看更多信息。

3.2.2.3 转账汇款

点击主界面上的转账汇款，可以来到这样一个界面（图3-90）。

点击转出账户（图3-91）。

图3-86

图3-87

图3-88

图3-89

图 3-90

图 3-91

可以看到（图 3-92）中列出了一些常用的转出账户，比如这里从第一张卡转出，点击长城电子借记卡（图 3-93）。

然后选择转入账户。

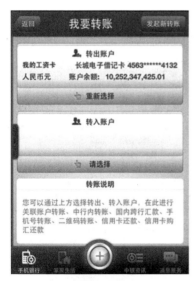

图 3-92

图 3-93

这里要转给某位用户，点击新增收款人。

填写好对方的账户信息后，点击确定（图 3-94）。

　　可以看到转出和转入账户都已经设置完毕，接着输入转账金额、附言以及手机号，这里可以将对方保存为常用收款人，以后就可以不用再重复添加信息，直接选择对方的账户就可以了。

图 3-94

图 3-95

　　所有信息都填写完毕后，点击立即执行（图 3-95）。

　　这是转账的全部信息，需要再次确认，点击确定（图 3-96）。

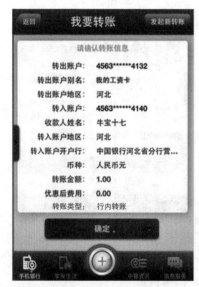

图 3-96

图 3-97

点击获取，输入手机收到的交易码，输入动态口令，点击确定（图 3 - 97）。

图 3 - 98

转账成功，这是一些确认信息，点击完成，即可结束本次转账（图 3 - 98）。

手机银行还可以完成诸如存款管理、贷款管理、支付信用卡账单、购买理财与基金等更多的功能使用手机银行让生活更加方便。

3.2.3　电话银行

电话银行，顾名思义，就是通过电话使用银行提供的各种服务。通过电话这种现代化的通信工具，使用户不必去银行，无论何时何地，只要通过拨通电话银行的电话号码，就能够通过电话银行办理多种非现金交易。

这里选择中国银行的电话银行进行一些实际的演示。

3.2.3.1　开通电话银行

持本人有效身份证件、本人任意有效账户到所在地区中国银行网点办理电话银行签约，签约成功后即可使用中国银行"95566"电话银行。

在柜台开通电话银行时，须设置电话银行密码。一个客户只有一个电话银行签约密码，即同一客户下所有签约账户的电话银行密码唯一。

您可以通过电话银行自行修改电话银行密码，若您忘记电话银行密码，可持任意开通或关联电话银行的账户及开通电话银行时的有效身份证件，到柜台重置电话银行密码。

3.2.3.2 自助语音服务菜单

每一家银行的电话银行系统都有自己的自助语音服务菜单，中国银行的电话银行自助语音服务功能菜单如图3-99所示（节选）。

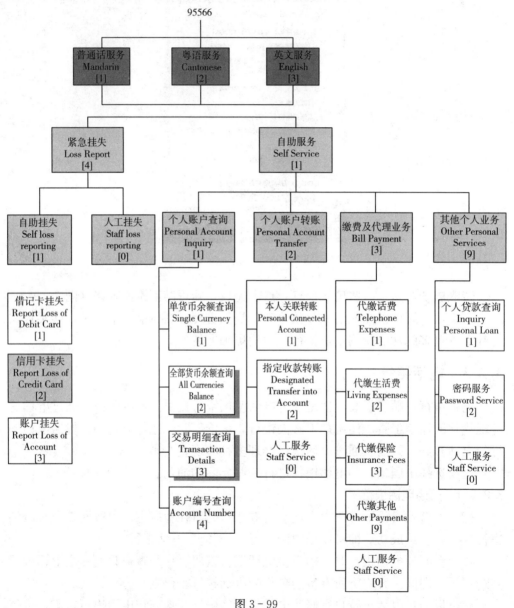

图3-99

图3-99非常直观地表现了电话银行的操作流程，很显然，如果想查询余额，打通95566后，首先按1选择普通话服务，接着按1选择银行服务，接着按1选择自助

服务，接着按 1 选择个人账户查询，然后按照自己的需求，选择 1 单货币查询或者 2 全部货币余额查询，全程中只需要听从电话中的提示，点击相应的按键即可。

此外，拨打"95566"后，如果不知道某项服务应该怎么操作，选择语种及银行服务后，可以直接按 0 键转接人工服务，也可以在交易或查询的过程中，按 0 转人工服务，然后等到银行的工作人员接听您的电话，直接帮您解答疑问。

注：该菜单仅适用于中国银行，如有变动，以电话语音为主，其他银行也请根据电话提示操作。

3.2.4 微信支付

本文之前已经介绍过微信软件的使用了。作为社交软件，微信也是第三方支付手段之一。这里将对微信支付的主要功能进行介绍。

微信支付是微信提供的一种金融服务，只要安装了微信，经过一定的设置流程就可以使用微信支付。

3.2.4.1 绑定银行卡

为了借助微信支付进行消费，需要开通银行卡快捷支付并绑定到微信支付上来。开通快捷支付这部分工作需要在银行柜台完成，这里介绍如何将银行卡绑定到微信支付账户中。

手机登录微信，首先在微信主界面，点击我，选择钱包（图 3 - 100）。

点击银行卡（图 3 - 101）。

图 3 - 100

图 3 - 101

点击添加银行卡。

如果是第一次开通微信支付，需要输入身份证信息，设置支付密码，根据微信提示操作即可（图 3 - 102）。

接下来输入银行卡号和持卡人姓名（图 3 - 103）。

图 3 - 102

图 3 - 103

输入银行预留手机号（图 3 - 104）。

最后输入手机接收到的验证码即可绑定银行卡（图 3 - 105）。

图 3 - 104

图 3 - 105

3.2.4.2 发红包

绑定银行卡后，就可以发红包了。在聊天界面，点击红包（图 3-106）。
输入红包金额和留言，完成后点击塞钱进红包（图 3-107）。

图 3-106

图 3-107

选择支付的银行卡，或者从零钱支付，输入支付密码后红包就发送成功（图
3-108）。

如果对方有领取红包，系统会提示您＊＊＊领取了你的红包（图 3-109）。

图 3-108

图 3-109

3.2.4.3 提现

微信支付账户中的钱转到绑定的银行卡中，叫作提现。以下是提现的具体流程。

注意：跟支付宝不同，目前微信支付转出到银行卡需要手续费（图3-110）。

手机登录微信，点击我，选择钱包，进入到我的钱包界面（图3-111）。

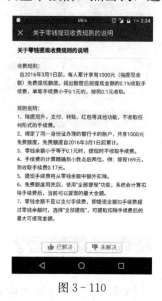

图 3-110

图 3-111

选择零钱，进入零钱界面（图3-112）。

点击提现，可以看到提现界面（图3-113）。

图 3-112

图 3-113

选择提现的银行卡，输入金额后，系统自动显示当前最快的到账时间，点击提现即可。

输入支付密码（图 3-114），会提示提现申请提交成功。只需等待即可（图 3-115）。

图 3-114

图 3-115

3.2.4.4 转账

微信支付账户之间转账是没有手续费的，而且非常方便，即时到账。对于一些小额的资金往来，使用微信支付进行转账是非常方便的。以下是转账的具体流程。

手机登录微信，点击我，点击钱包，进入到我的钱包界面（图 3-116）。点击转账。并点击打开通讯录，选择要转账的人（图 3-117）。

图 3-116

图 3-117

输入转账金额，添加转账说明，点击转账（图3-118）。

输入支付密码（图3-119）。

图 3-118

图 3-119

系统提示转账成功（图3-120）。

图 3-120

3.2.4.5　收付款（无需添加微信好友）

打开微信首页，右上角有个＋号，点击，最下面有一个收付款选项，点进进入（图 3 - 121）。

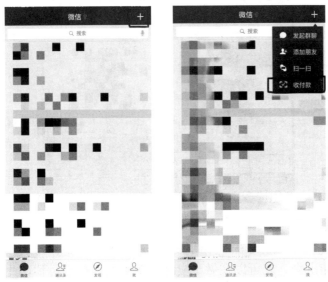

图 3 - 121

付款：将上方的条形码或者二维码出示给对方，对方扫描完成则付款成功（图 3 - 122）。

图 3 - 122

收款：下方有个我要收款，点击进入，将该二维码出示给对方扫描，对方扫描成功，输入金额，最下方即显示对方已向自己转钱（图3-123）。

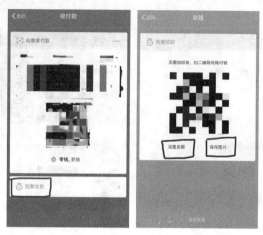

图3-123

收款的二维码可以点击右下方的保存图片，即保存了自己的收款二维码在手机里，将它打印出来，就可以在做买卖时直接给顾客扫描付款，此时要注意查看顾客转的金额是否属实，以免造成损失。

3.2.4.6 话费充值

通过微信充值电话费非常的方便，以下是操作流程。

手机登录微信，点击我，点击钱包，进入到我的钱包界面（图3-124）。

点击手机充值，可以看到充值界面（图3-125）。

图3-124

图3-125

输入要充值的电话号码，点击充值金额。这里以点击 30 元为例。

输入支付密码（图 3－126）系统提示充值成功。等待几分钟话费即可到账（图 3－127）。

图 3－126

图 3－127

3.2.4.7 其他

微信支付和支付宝支付的操作体验较为相似，便于学习。为了方便大家解决微信支付使用的问题，这里提供一个自行搜索帮助文件的方法。

登录微信后，点击我—设置—关于微信—帮助与反馈，可以来到帮助中心（图 3－128、图 3－129、图 3－130）。

图 3－128

图 3－129

　　比如说有关于微信支付的问题，直接在搜索框中输入微信支付（图 3 -
131）。

图 3 - 130

图 3 - 131

　　可以看到有很多关于微信支付的问题，点击关心的问题，即可得到答案（图
3 - 132）。

图 3 - 132

3.2.5　支付宝

3.2.5.1　支付宝账户注册

首先来了解一下如何进行支付宝账户注册，用手机登录支付宝，点击新用户，立即注册（图3-133）。

设置账户头像、昵称，输入手机号码和登录密码，国家和地区选择中国大陆，点击密码框旁的眼睛可查看明文密码，确认之后点击注册（图3-134）。

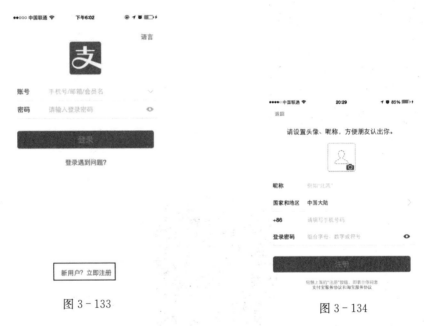

图3-133　　　　　　　　　　　　　　图3-134

确认手机号码，系统发送验证码短信（图3-135）。

通过验证，设置支付密码（图3-136）。

注册成功（图3-137）。

如果系统判断存在操作异常，在注册中需要通过安全验证（图3-138）。

如果注册的账户密码和已有账户密码一致，可直接登录账户（图3-139）。

图 3 - 135

图 3 - 136

图 3 - 137

图 3 - 138

图 3 - 139

3.2.5.2 绑定银行卡

为了借助支付宝进行消费，需要将银行卡开通快捷支付绑定到支付宝上来。开通快捷支付这部分工作需要在银行柜台完成，这里介绍如何将银行卡绑定到支付宝账户中。

手机登录支付宝，点击我的—银行卡（图 3 - 140）。点击页面右上角＋（图

3-141)。

图 3-140

图 3-141

输入银行卡号，点击下一步（图 3-142）。

填写相关信息，银行预留手机号码，点击下一步（图 3-143）。

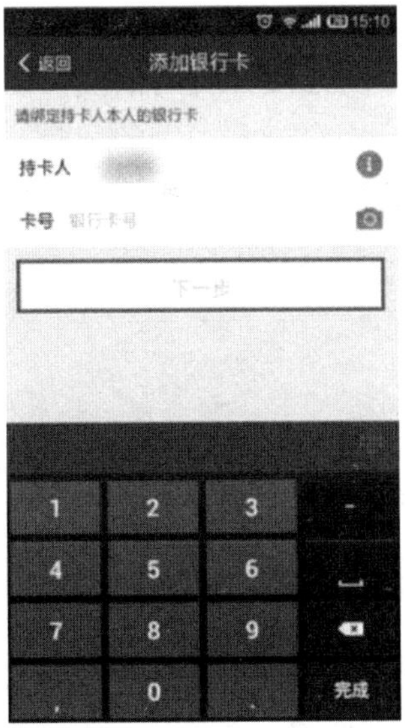

图 3-142

图 3-143

接收并填写校验码后，点击下一步（图 3 - 144）。

点击确定完成快捷支付开通（图 3 - 145）。

图 3 - 144

图 3 - 145

3.2.5.3 实名认证

为了安全起见，需要对支付宝进行实名认证，以方便日后的消费，以及万一出现被盗情况时，可以有效地追回损失。

实名认证之前请绑定银行卡，然后手机登录支付宝，点击我的—账户信息栏（图 3 - 146）。

点击账户详情区域（图 3 - 147）。

点击身份信息（图 3 - 148）。

点击开始验证（图 3 - 149）。

系统会随机显示账户已绑定的快捷银行卡中支持认证的一张银行卡，点击确认实名认证，实名认证成功（图 3 - 150）。

实名认证成功（图 3 - 151）。

图 3 - 146

图 3 - 147

图 3 - 148

图 3 - 149

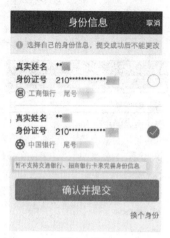

图 3 - 150

图 3 - 151

3.2.5.4 余额宝

前文讲到，要想通过第三方支付进行消费，那么就要通过银行账户向支付宝账户充值，然后再去消费支付宝账户中的钱。但是支付宝账户中放着的钱是没有利息的。但如果开通了余额宝，那么零散的钱就有了收益。这里介绍操作的具体步骤。也就是说，余额宝是支付宝打造的增值服务，把钱转入余额宝即购买了由天弘基金提供的余额宝货币基金，可获得收益。余额宝内的资金还能随时用于网购支付，灵活提取。

手机登录支付宝，点击我的，选择余额宝（图 3 - 152）。点击马上体验余额宝（图 3 - 153）。

图 3 - 152

图 3 - 153

输入转入金额，点击确认转入，选择银行卡支付即可（图 3 - 154）。

图 3 - 154

3.2.5.5　提现

当支付宝账户中的钱很多，需要转到银行卡中时，就叫作提现。以下是提现的具体流程。

注意，余额宝转出到银行卡无需手续费。且日累计转出到卡超过 1 万且未绑定手机的账户，则账户必须先绑定手机才能继续操作。

手机登录支付宝，点击我的，选择余额宝（图 3 - 155）。

点击转出（图 3 - 156）。

图 3 - 155

图 3 - 156

可选择转出的银行卡，输入金额后，系统自动显示当前最快的到账时间，点击确认转出即可（图3－157）。

图3－157

3.2.5.6 转账

支付宝在账户之间转账是没有手续费的，而且非常方便，即时到账。对于一些小额的资金往来，使用支付宝进行转账是非常方便的。以下是转账的具体流程。

手机登录支付宝，点击转账（图3－158）。转账页面显示该账户最近转账的交易对象，点击头像可直接给该对象进行转账，或点击转到支付宝账户填写收款人账户（图3－159）。

图3－158

图3－159

填写收款方账户，点击下一步（图 3 - 160）。

填写转账金额、选择付款方式，点击确认转账（图 3 - 161）。

图 3 - 160

图 3 - 161

输入支付密码，点击付款，完成转账（图 3 - 162）。

图 3 - 162

3.2.5.7 红包

支付宝可以发送个人红包、群红包给朋友，下文就来讲述具体的发送和接收流程。

（1）发送个人红包。手机登录支付宝，点击红包（图3-163）。

选择个人红包（图3-164）。

图3-163

图3-164

选择一个或多个朋友后点击确定（图3-165）。

输入金额，可以选择红包主题，再点击发红包（图3-166）。

图3-165

图3-166

输入支付密码（图 3 - 167）。

发送成功（图 3 - 168）。

图 3 - 167

图 3 - 168

（2）领取个人红包。接收方在支付宝 APP，点击朋友信息，点击领取红包（图 3 - 169）。

点击拆开红包（图 3 - 170）。

图 3 - 169

图 3 - 170

点击领取后金额转入领取者的支付宝账户余额（图 3-171）。

（3）发送群红包。手机登录支付宝，点击红包，选择群红包（图 3-172）。

图 3-171

图 3-172

输入要发送的红包金额和发送的红包个数，可以选择发送拼手气（每人抽到的金额随机）或普通红包（群里每人收到固定金额），系统默认拼手气红包（图3-173）。

图 3-173

图 3-174

可以选择所有人可领、性别女可领、性别男可领，点击发红包，输入密码完成支付（图 3 - 174）。

包好红包后可以选择发送到支付宝朋友、生活圈、钉钉，还可以生成口令图片保存后分享到微信（图 3 - 175）。

分享后的页面如图 3 - 176 所示，其中选择男女玩法，发送出去的红包信息上将带有美女/帅哥专享可领提示。

发送给支付宝朋友。

图 3 - 175

图 3 - 176

分享到支付宝生活圈（图 3 - 177）。

图 3 - 177

图 3 - 178

生成口令,分享到微信:选择中文口令,用户可自行设置 6～20 个中文;选择数字口令,系统自动生成(图 3-178、图 3-179)。

发送成功后,可点击我的红包。

点击我发出的,可以在红包列表中看到红包发送记录,点击进入可以查看红包发送的详情:包括红包总金额、当前领取状态:已领取、领取中(对方已经拆开红包,但是受限红包金额尚未转入)、退回(过期未领取或受限等,资金退回给发送方)。

(4)领取群红包。以发送到支付宝群为例(图 3-180),当群红包发出后,接收方在支付宝 APP 的朋友中,点击群信息。

点击拆开红包(图 3-181)。

图 3-179

点击后打开支付宝 APP 领取红包内金额,领取后金额转入领取者的支付宝账户余额(红包金额先到先得,领完为止),见图3-182。

图 3-180

图 3-181

图 3-182

3.2.5.8　查看账单

　　支付宝账户和银行账户一样，也会产生各种消费、转入和转出，那么如何进行账单的查询呢？下文就来讲述具体流程。

　　手机登录支付宝，点击左上角账单（图 3 - 183）。

　　进入账单后按月度显示交易记录，账单以创建时间先后进行排序（不区分交易状态），见图 3 - 184。

图 3 - 183

图 3 - 184

　　在交易记录页面点击右上角筛选，跳转到搜索页面。这里支持输入关键词搜索，系统将订单名称中包含关键词的所有订单以账单列表样式展示（图 3 - 185）。

　　进入账单后按月度显示交易记录（图 3 - 186）。

图 3 - 185

图 3 - 186

点击月账单进入记账本当月报表（图3-187）。

转账、还款、提现等业务点击后展示具体进度（图3-188）。

账单详情页面点击更多会显示支付宝交易号、商家交易号（图3-189）。

图3-187 图3-188 图3-189

3.2.5.9 话费充值

通过支付宝充值电话费非常的方便，以下是操作流程。

在手机上登录支付宝，首页点击手机充值（图3-190）。

进入话费表单页，填写充值号码，选择充值金额，点击立即充值（图3-191）。

这里还可以给手机充值流量，当手机流量不够用时，流量充值简直太方便了。

进入付款详情页面，点击确认付款（图3-192）。

输入支付密码（图3-193）。

图 3-190

图 3-191

图 3-192

图 3-193

支付成功，充值完成（图 3-194）。

图 3 - 194

3.2.5.10　生活缴费

第一步，下载支付宝软件并打开登录（图 3 - 195）。

图 3 - 195

图 3 - 196

第二步，进入支付宝页面，选择生活缴费（图 3 - 196、图 3 - 197）。

第三步，选择需要缴纳的项目，如电费（图 3 - 198）。

图 3 - 197

图 3 - 198

第四步，填写基本信息并确认。可以通过催缴单，银行缴费回执中找到户号。如果没有单据，可以拨打事业单位服务热线，或者查询事业单位网站。

第五步，选择需要交费的项目，填写缴纳金额点击立即缴费（图 3 - 199）。

3.3 网络出行

3.3.1 买票

铁道部推出了官方火车票订票平台 12306（www.12306.cn），但该网站主要针对于在电脑浏览器中使用，在手机上，我们可以用携程 APP 去订票。携程 APP（图 3 - 200）有 iOS 和安卓版，二者区别不大。

图 3 - 199

首先点击下部标签栏中的我的，登录账号，如果没有账号，需要点击注册，注册新账号（图3-201）。

图3-200

图3-201

登录完成后，回到APP首页，点击火车票，进入火车票查询页面，输入行程信息，可以查询车票（图3-202）。

查询结果如图3-203所示。

图3-202

图3-203

点击需要的车次，进入选座界面（图3-204）。

这里建议使用12306账号登录后买票，等同于通过12306官方买票，退票和改签方便一些。点击下方的登录12306账号，跳转到登录界面（图3-205）。

图3-204

图3-205

如果没有账号，可以点击注册12306。注册需要填写一些基本信息，然后验证手机即可，与常见网站注册流程类似（图3-206）。

登录完成后会到选座界面，点击想要选择的座位类别，再选择通过12306买票，如图3-207所示。

图3-206

图3-207

点击买票后，需进入订单填写流程。需要添加乘车人（图3-208）。

添加完乘车人后，填写联系人手机，再根据提示点击验证码，最后提交订单（图3-209）。

图3-208

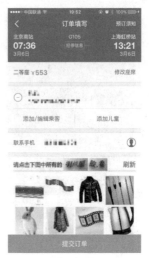
图3-209

提交订单后，再次核对信息，确认无误后点击去支付（图3-210）。

点击去支付后，选择适合自己的支付方式，完成支付即可成功订票（图3-211）。

图3-210

图3-211

除了订火车票，携程还可以订飞机票、汽车票，等等，流程与预订火车票类似，这里就不再赘述了。

3.3.2 地图

目前的智能手机都配有 GPS 模块，定位精度可以达到几米之内。基于位置最主要的应用就是手机地图。国内常用的手机地图是百度地图和高德地图。地图的使用大同小异，常用功能有定位、路线规划、导航、离线地图等。下面以 Android 版百度地图为例，介绍手机地图的使用方法。

在浏览器地址栏输入 map. baidu. com，打开百度地图，主界面如图 3 - 212 所示。

打开百度地图后，默认会对当前位置进行定位，并且显示在地图上，在图 3 - 212 里，地图中央的蓝色圆点和箭头表示当前位置及方向。点击左下方的加号和减号可以对地图进行放大和缩小。在缩放按钮下方，是视图按钮，点击可以切换不同的视图模式，模式是地图静止、运动时人的位置和方向在地图上改变。点击视图按钮，可以切换到以人为中心，地图随着人的运动而改变的模式，如图 3 - 213 所示。

点击图层，可以切换地图显示的内容，如图 3 - 214 所示。

图 3 - 212

图 3 - 213

图 3 - 214

卫星图、2D 平面图和 3D 俯视图为切换图层，收藏点和热力图可以在当前图层上叠加显示。

卫星图样式如图 3-215 所示。

3D 俯视图可以显示地图上的建筑的轮廓和高度，如图 3-216 所示。

图 3-215　　　　　　　　　　　　　　图 3-216

全景是另一个非常实用的功能，使用全景功能，可以看到支持全景的路段是实景，并可以随意移动和转动视角，仿佛自己在路上行走一般。全景的使用方法是点击右上角的全景按钮，把镜头放置在想要查看的路段，如图 3-217 所示。

并不是所有的路段都支持全景，支持全景的路段会在地图上被加粗标注出来，把摄像头放置在支持全景的路段，点击查看全景，即可进入全景视图，如图 3-218 所示。

点击左右屏幕可以查看不同方位的实景，点击路面可以移动。

实时路况功能是另一个非常实用的功能，点击右上角的路况按钮，即可在地图上叠加显示实时路况信息，不同颜色代表不同的拥挤程度，绿色代表畅通，黄色表示拥挤，红色表示堵塞，颜色越深，堵塞越严重，如图 3-219 所示。

图 3－217

图 3－218

图 3－219

图 3－220

　　介绍完百度地图的界面后，下面介绍百度地图的核心功能，路线规划和导航。点击右下出发按钮，进入路线规划界面，如图 3－220 所示。

　　这里需要设置起点和终点，默认的起点是当前位置，在输入终点的位置输入目的地，例如，输入王府井，这时会根据输入的位置联想相关位置，在列表中选择更为准确的地址，这里我们选择王府井商业街作为目的地（图 3－221）。

输入完目的地之后，地图上会出现规划好的路线，如图 3-222 所示。

图 3-221

图 3-222

在屏幕上方可以选择模式，这里是驾车模式，还可以支持公交、步行、骑车模式，百度地图会根据不同模式，规划出不同的路线。在地图下方，会有和路线相关的信息，例如，距离、预计时间、红绿灯个数等。点击向上的箭头，可以查看当前具体的路线信息（图 3-223）。

图 3-223

图 3-224

再次点击向下的箭头，可以返回路线，在屏幕右上角，有偏好按钮，点击可以设置路线偏好，确认后，地图会重新规划出更符合用户偏好的路径（图 3 - 224）。

点击屏幕右下方的开始导航，即可进入到导航界面（图 3 - 225）。

按两次返回键可以退出导航。地图在使用中，需要加载比较多的地图信息。百度地图提供了离线地图的功能，可以通过 WiFi 预先下载地图信息，通过移动网络使用地图时，可以节省大量流量。点击地图左上角的头像，可以进入个人中心（图 3 - 226）。

图 3 - 225

图 3 - 226

点击离线包下载，选择离线地图，进入离线地图管理界面。

切换到城市列表，可以查找城市下载对应的离线地图包（图 3 - 227）。

3.4 便民服务

现在，可以通过很多网站或者 APP 来查看社保、公积金，或者办理挂号、缴费等。

3.4.1 社保

很多地方已经可以通过互联网查询参保信息。以北京为例，可通过扫描社保二维码、下载社保 APP 和关注微信公共服务号"北京社保中心",即可实时查询在北京市参保的个人社保参保信息、缴费信息、社保卡办卡进度、定点医院、社保相关政策等,可为参保职工提供个人参保缴费信息、社保专题、服务网点查询、用户设置等服务。

图 3 - 227

3.4.1.1　如何下载 APP

北京市人力资源和社会保障局的官方网站(http：//www. bjrbj. gov. cn/)右侧下方的北京社会保险 APP 下载栏目,或北京市社会保险网上服务平台(http：//www. bjrbj. gov. cn/csibiz/)主页的左上方均可找到二维码,手机扫描即可下载。

参保职工还可以登录北京市社会保险网上服务平台,点击个人用户登录,经注册,进入个人信息查询页面,也可找到二维码进行扫描下载。

3.4.1.2　微信服务号

除了下载 APP,用户还可关注微信公共服务号北京社保中心,输入身份证号码、社保卡条形码编号等个人信息即可进行相关查询。

3.4.1.3　社保公共服务功能

北京市社保 APP 和微信公共服务包含我的社保、社保专题、服务信息、用户设置等 4 个栏目。

我的社保栏目:可查询参保缴费基数、缴费年限、定点医院、获取对账单的方式、社保卡制卡进度等个人参保信息和缴费信息,以及阅读消息中心推送的相关消息等。

社保专题栏目:主要是普及与社保相关的各类知识,如社保卡专题、参保登记专题,权益记录专题、银行缴费专题。用户通过浏览各个专题的内容可以更进一步地了解与社保相关的知识,同时也让用户了解办理社保业务的流程、所需材料等内容。

服务信息栏目:将展示社会保险实用信息查询,其中包括社会保险业务经办的服务网点,服务热线,定点医疗机构目录等。

用户设置栏目:需用户登录使用,包含修改密码、修改注册手机号、消息设置、用户反馈、关于北京社保、退出登录等功能。

为确保参保职工的信息安全,用户使用我的社保和用户设置功能时,需要先注册，确认个人信息无误后可登录使用。注册时，需在注册界面输入姓名、身份证号、社保卡条形码编号和手机号 4 项个人信息。

3.4.2　挂号

很多时候到医院就诊，挂号排队要等很久，非常不方便。现在各地陆续推出本地医院挂号平台。以北京市为例，可以通过北京市卫生局指定的"北京市预约挂号统一平台"（http：//www.bjguahao.gov.cn）预约挂号。首次使用预约挂号，需要进行注册才能够使用预约挂号服务，用户一般可预约次日起至 3 个月内的就诊号源，但由于各医院规定不同，具体预约挂号周期，以 114 电话查询和网站公示为准。

3.4.2.1　预约流程

第一步：注册登录：登录网上预约挂号统一平台 www.bjguahao.gov.cn，首次预约挂号须进行在线实名制注册，通过注册账号登录，进入预约挂号流程。（已注册用户直接登录开始预约挂号）。

第二步：选择医院/科室/疾病：可以通过多种搜索方式找到所要预约的医院（图 3 - 228）。

图 3 - 228

进入医院页面选择需要预约的科室（图 3 - 229）。

内科	内科门诊	老年综合门诊	心内科门诊
	心内科高血压专科门诊	肾内科门诊	肾内科腹膜透析专科门诊
	肾内科慢性肾功能不全非透析专科门诊	血液科门诊	感染内科门诊
		感染内科热病门诊	感染内科免疫功能低下门诊
	免疫内科门诊	呼吸内科门诊	戒烟门诊
	消化内科门诊	早期胃癌专科门诊	内分泌门诊
	神经科门诊	神经内科癫痫门诊	多发性硬化专科门诊
	头痛专科门诊	脑血管病专科门诊	痴呆与脑白质病专科门诊
	重症肌无力专科门诊	普通内科门诊	肿瘤内科门诊

图 3 - 229

第三步：选择日期/医生：选择就诊日期，蓝色代表有可预约号源，点击预约；灰色代表号源已约满或停诊；白色代表无号源，无法点击（图 3 - 230）。

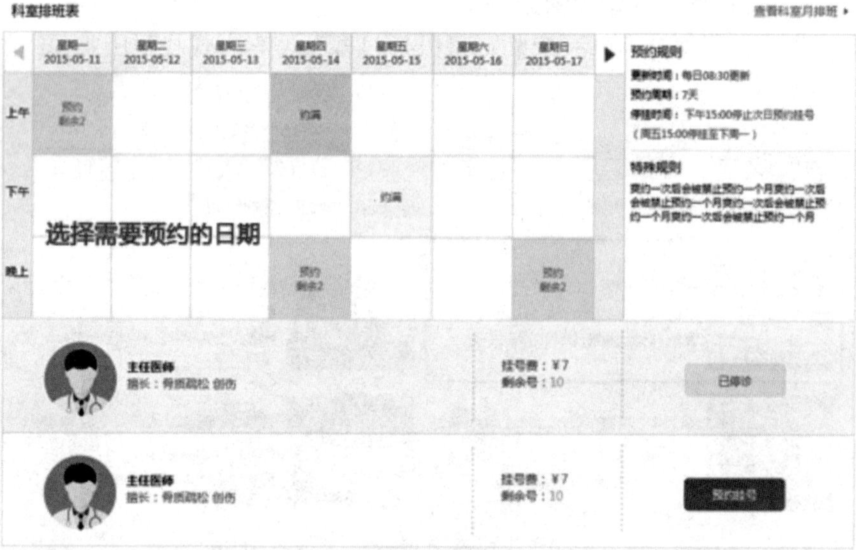

图 3 - 230

第四步：填写预约信息并短信验证：填写就诊卡号、医保卡号，选择报销类型（选填）。

点击获取按钮，待注册手机接收到短信验证码后，正确填写（必填）。

点击确认预约后预约成功，同时弹出本次预约成功的信息（图 3 - 231）。

图 3-231

第五步：接收预约成功短信：用户手机接收到预约成功短信及唯一的 8 位数字预约识别码（注：网站预约朝阳医院本院的预约识别码为 9 位数字），见图3-232。

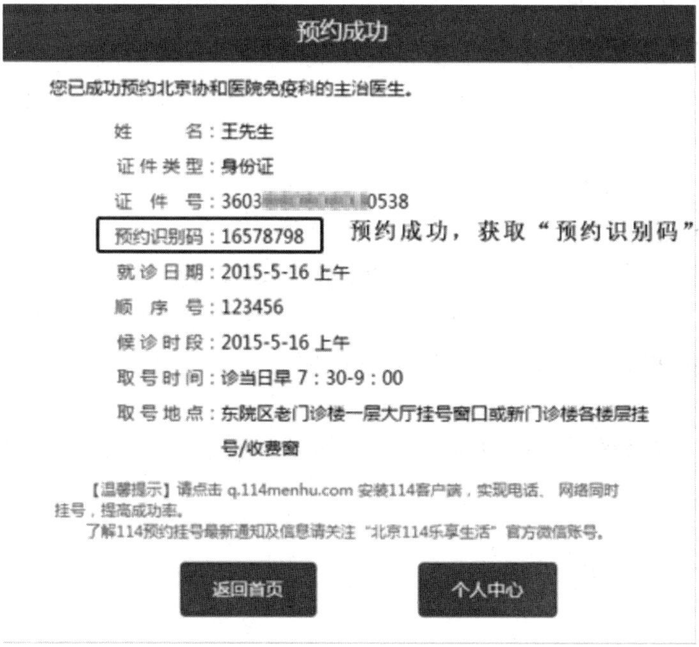

图 3-232

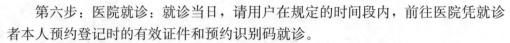

第六步：医院就诊：就诊当日，请用户在规定的时间段内，前往医院凭就诊者本人预约登记时的有效证件和预约识别码就诊。

3.4.2.2　注意事项

用户首次预约必须注册就诊人的真实有效基本信息，包括就诊人员的真实姓名、有效证件号（身份证、军官证、护照、港澳通行证、台胞证）、性别、电话、手机号码等基本信息。

成功预约挂号后，系统将自动保存用户预约记录。就诊当天，您需要在医院规定的取号时间之内，前往医院指定的地点凭就诊人本人注册的有效证件原件、预约成功通知短信和预约识别码至医院指定的挂号窗口取号，并缴纳医院规定的挂号费（或医事服务费），逾期预约自动作废。

由于号源比较紧张，如不及时取消预约，也不按时取号就诊，则会视为爽约，系统会记入诚信记录，今后将会影响到您使用预约挂号服务。

以上内容节选自北京市预约挂号统一平台官网。

3.4.3　缴费

现在移动支付可以说是非常普及，而在移动支付领域表现最为抢眼的当属支付宝和微信了。春晚红包背后就有支付宝和微信的身影，现在无论是线上购物还是线下的各种生活缴费，如水费、电费、煤气费、有线电视费、宽带费等基本都可以通过支付宝和微信来完成。支付宝和微信在不同地区开通不同的特色业务或者城市服务，如医院缴费、交通违章、考试成绩查询等功能。下面以支付宝支付电费为例讲述一下如何网上缴费。

第一步，下载支付宝软件并打开登录（图 3-233）。

第二步，进入支付宝页面，选择生活缴费（图 3-234）。

第三步，选择需要缴纳的项目，如电费（图 3-235）。

第四步，填写基本信息并确认。可以通过催缴单，银行缴费回执中找到户号。如果没有单据，可以拨打事业单位服务热线，或者查询事业单位网站（图 3-236）。

第五步，选择需要交费的项目，填写缴纳金额并确认（图 3-237）。

图 3 - 233

图 3 - 234

图 3 - 235

图 3 - 236

图 3 - 237

第 4 章

农村电商

4.1 电商平台

电子商务是借助信息网络技术手段，实现商品交换的商务活动。最常见的形式是买卖双方不见面地进行各种商贸活动，实现消费者网上购物、商户之间网上交易以及网上支付。许多购物平台都推出了手机软件，让消费者足不出户可以网络购物，如京东、淘宝、苏宁易购、亚马逊、1号店、唯品会等，下载这些 APP 打开就可以使用。下面介绍一下两个常用的购物平台。

4.1.1　京东

京东（jd. com）是中国比较大的自营式电商企业。京东商城以销售 3C 电子产品起家，自营商品质量相对有保证，提供机打发票，并支持货到付款，售后上门。京东在多个城市提供自营配送服务，最快可在当天将商品送到消费者手中。

此外，京东也入驻了大量第三方卖家，在选购商品时要注意区分自营商品和第三方卖家提供的商品，一般来说，第三方卖家提供的服务在物流配送、售后等环节很有可能达不到京东自营的高品质。

4.1.1.1　网上购物

虽然不同平台都有自己的特色，但是网购的基本流程大致是一样的。首先在购物平台搜索自己想要的商品，挑选完毕后加入购物车结算，填写订单信息、提交订单、支付订单。这里以在京东 APP 买手机为例，介绍网购的基本流程（图 4-1）。

图 4-1

打开京东 APP，在首页可以搜索商品名称（图 4-2）。

在搜索框中输入我们想要的商品，例如华为 mate8，跳转到搜索结果（图 4-3）。

图 4-2

图 4-3

点击商品名称可以查看商品信息。

图 4-4

图 4-5

向下滑动屏幕，可以查看商品评论，商品评论是我们判断一件商品的重要依据，只有购买过该商品的人才可以评论，评论一般具有比较强的参考价值。

点击页面顶部的详情可以查看商品的详情介绍（图 4 - 4）。

点击右下角的加入购物车可以将商品加入购物车，点击购物车可以查看编辑购物车（图 4 - 5）。点击去结算，跳转到填写订单页（图 4 - 6）。

在图 4 - 6 这个页面，需要选择收货地址、配送方式、支付方式、发票信息、优惠信息。京东在很多地区支持货到付款，在支持货到付款的情况下，可以优先选择货到付款服务。发票信息根据个人需要填写，当显示有可用优惠券时，可以选择优惠券使用。填写完成后，点击提交订单即可。如果选择了在线支付，会跳转到支付界面完成支付。

几乎所有的网购都是这个流程，只是不同网站的细节不同罢了。购物时如果商品提供者是个人卖家，需要格外注意商品的描述和评价，建议和卖家沟通后再下单。网购平台通过网银结算付款，部分网购平台支持支付宝结算，支付宝的使用在前面已经做了介绍。

图 4 - 6

4.1.1.2 购买农资

安装京东的最新版本，然后点击桌面上的京东图标，进入京东的移动客户端（图 4 - 7）。

接下来按照之前所讲的，登录自己的账户，设置好自己的收货地址，以便于后续的购物。

然后点击左下角的分类，可以看到左侧出现了很多不同消费品的目录（图 4 - 8）。

这里并没有显示完全，沿着左侧一栏往上滑动，滑动到最底部的时候可以看到：农用物资，点击农用物资，就出现了很多农资产品。右侧的这部分也是可以继续往上滑动，查看到更多的信息的（图 4 - 9）。

图 4 - 7

图 4 - 8

图 4 - 9

可以看到，有盆栽苗木、种子、园林农耕、农药、肥料、兽药、饲料、兽用器具等（图 4 - 10）。

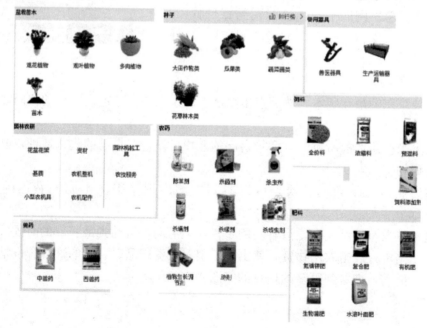

图 4 - 10

这里显示的东西都是可以购买的，比如最近田地里的杂草特别多，想买一点除草剂，就点击除草剂，然后可以看到有很多的除草剂在卖（图4-11）。

如点击第一个农药，中保绿焰41%草甘膦异丙胺盐水剂，可以看到图4-12的完整介绍界面。

图4-11

图4-12

该农药卖36元一瓶，每瓶1 000g，而且是中国农业科学院植物保护研究所担保的正品农药草甘膦异丙胺盐，特点是杀草烂根所有场所通用低毒安全土壤无残留。

想更详细地了解一下该农药，可以点击屏幕上方的详情，进入到详情界面，上下滑动即可浏览详细信息。

可以看到该农药对应的防治对象是水花生、稗草、白茅、马唐、狗尾巴草、香附子、牛筋草等杂草，而且有详细的使用前后的对比图（图4-13）。

以购买此农药3瓶为例，点击加入购物车左边的那个购物车，就到了这样一个界面。

然后就可以下单了，点击上面的红色框中的加

图4-13

号，把 1 变成 3，因为需要 3 瓶。然后点击最下面那个红色的去结算（图 4 - 14）。

然后点击最上面的那个选择地址，然后选择自家的地址，然后大致看一下这个界面，这个商品会由快递送来，总共 108 元，如果感觉很合适，点击立即下单，之后按照选择支付方式支付即可（图 4 - 15）。

图 4 - 14

图 4 - 15

4.1.2 淘宝

淘宝（taobao. com）是中国最大的 C2C 交易平台之一，淘宝网自身只提供平台，平台上入驻大量卖家，卖家运营自己的淘宝店铺，如同虚拟集市。淘宝网的商品种类繁多、应有尽有，但是淘宝网是给买卖双方提供交易平台，因此卖家自己对商品负责，必然会有质量良莠不齐的情况，在选购时一定要注意辨别，关注商品的价格合理性、成交量和评价。

天猫（tmall. com）和淘宝系出同门，都是阿里巴巴旗下的电子商务平台，前身是淘宝商城，提供 B2C 服务，由商家入驻，准入门槛比淘宝高，天猫商品提供正品保障和机打发票。

4.2 农产品进城

与网上购物相比，特色农产品如何"走出去"是更重要的问题。很多农副产品商户已经入驻农产品网上商城。如何将特色农产品优势发挥到极致？如何让消费者分辨出在售的是农民自产的放心农产品？如何实现品牌化，建设稳定的农产品网上销售通道。

下面介绍几个综合性电子商务平台和农业垂直电子商务平台，以便了解如何通过互联网销售农产品。

4.2.1 京东农村电商

京东作为国内最大的自营 B2C 电商之一，依托自建成熟的电商平台和物流网络，正向农村电商的巨大蓝海进军。在农产品进城方面，京东依托京东农村电商（https：//cun.jd.com/)，打了三张牌：

（1）品牌企业做京东供应商。采销模式是京东电商平台的核心模式，该模式向供应商采购商品并直接向消费者销售。在农村，不乏优秀的企业和高品质的商品，这类品牌企业可以向京东采销部门提出申请，经过评审后的企业和商品即可通过该模式开展电子商务。

（2）农民入驻京东 POP 平台开网店。京东开放平台是京东为商家开网店、自主开展电子商务研发的电商服务平台，该平台提供多种商家入驻和开店模式，不同模式向商家提供不同的服务内容，农村中小企业，甚至农户可以根据自身商品特性、运营能力等因素全面权衡、灵活选择。

（3）地方政府与企业联手开办京东特产馆。地方特产是农村的重要农产品，在地方政府、企业和京东"三位一体"，确保地方特产的品质，确保消费者买到放心的地方特产的前提下，京东地方特产馆可以作为将"农产品进城"的重要手段。

4.2.2 阿里巴巴"农村淘宝"

2014 年 10 月 13 日，阿里巴巴集团在首届浙江县域电子商务峰会上宣布，启动"千县万村计划"，在 3～5 年内投资 100 亿元，建立 1 000 个县级运营中心和 10 万个村级服务站。这意味着阿里巴巴要在今后几年以推动农村以线下服务实体的形式，将其电子商务的网络覆盖到全国 1/3 强的县以及 1/6 的农村地区。

阿里巴巴集团将与各地政府深度合作，以电子商务平台为基础，通过搭建县村两级服务网络，充分发挥电子商务优势，突破物流，信息流的瓶颈，实现"网货下乡"和"农产品进城"的双向流通功能。

图 4-16 就是农村淘宝的结构。村民和市场通过农村淘宝结合起来，通过农

村淘宝将农产品卖出去，即实现了农产品进城。这一过程中，农产品走的是较成熟的物流和快递通道，这一通道越成熟，农产品就能走得更远。

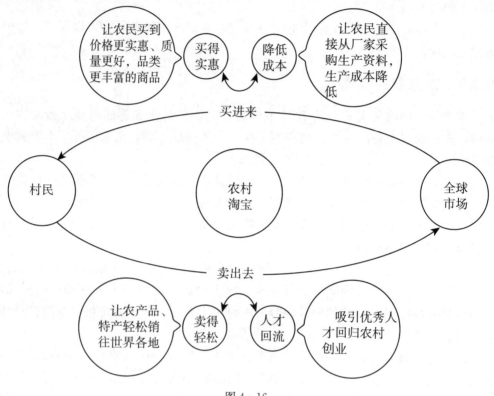

图 4 - 16

淘宝网也有地方特产馆，可以更好地辅助农民将农产品，特别是优质的地方特产销往全球。对于个人农话来讲，零成本的模式是开淘宝店。

开设淘宝店

首先来看两则新闻报道：

来自临安的董世平在淘宝上开出了一家网店，"当时就抱着要把家乡土特产卖到全国各地去的念头"。董世平在做了大量功课后，认定"开网店"的路子会带来新市场。两年多时间，董世平验证了当初的想法。打开他的网店，从临安山核桃到橄榄、杏脯、桃条……一个农产品大观园跃然眼前。41 615 件的碧根果、33 101 件的开心果销售量清楚地显示着他的业绩，问他一年销售额大约有多少？他保守地说："大概总在千万左右吧。"而更让董世平欣喜的是，"网货进城"不再像当初一样局限在周边的城市，网络大大拓展了他的销售市场："现在全国各地的订单都有，甚至有不少海外的客户在网上下单"。

某个阴雨天，禹州市方岗镇刘岗村刘璟喆的网店生意却丝毫不受影响，全天交易额达到 1 780 元，净赚 200 多元。该村党支部书记刘富圈介绍，刘岗村农民办网店始于 7 月份。本村二组的刘应举大学毕业后，利用自己所学的计算机网络知识在省城郑州开了一家网店，足不出户就把生意做到了全国各地，每年营业额达到 150 多万元，收入 20 多万元。回家后，他指导自己在家务农的哥哥刘应帅也开了一家网店，并带动本村的刘璟喆、刘开阔、刘松叶、刘二阳、王晓文等 20 多个人跟着开网店，做起了网上生意。

很多农民通过互联网将自己的农产品卖到了全国各地，实现了财富的增长，那么应该怎么在淘宝开店，进而挖到自己的互联网第一桶金呢？实际上在淘宝开店，说简单也简单，说复杂也复杂。简单是因为店开起来很容易，复杂是不一定有销量，不一定卖得出去。在淘宝上开店是一门学问，需要下工夫去研究。这里介绍一下开店的简单流程。

首先下载手机淘宝客户端软件并安装到手机上，然后注册淘宝账号。在手机桌面上找到淘宝客户端图标后，点击进入手机淘宝的登录界面，找到免费注册按钮后点击开始注册（图 4-17）。

注册时应该填写手机号和验证码。手机号就是淘宝号，并且设置 16 位以上的密码（图 4-18）。

图 4-17

图 4-18

填写完手机号后，点击下一步，页面提示将会给该手机发送一条验证短信，注意及时查收（图4-19）。

将手机短信上收到的验证码填写在对应的方框内，然后点击下一步（图4-20）。

图4-19

图4-20

设置登录密码，由6～20位数字，字母，符号组成，这个密码要记牢，以后登录都靠它（图4-21）。

设置会员名，起一个名字就好（图4-22）。

图4-21

图4-22

现在可以开通淘宝店铺了。进入淘宝，在右下角点开我的淘宝（图4-23）。打开我的淘宝页面，会看到我要开店的选项，点击进行下一步（图4-24）。

图4-23

图4-24

点开我要开店，将会看到下面的操作界面。首先要给自己的手机淘宝店铺设计一个LOGO上传上去，并取个容易识别的名字作为店铺的名字。接下来是对店铺进行简单的描述。就这样，手机淘宝店铺就建立成功（图4-25）。

图4-25

图4-26

接下来是实名认证，因为只有通过了实名认证之后，淘宝店铺才能被客户搜索到，发布的宝贝才能被买家选中。首先点击图 4-26 的实名认证。

接着弹出添加银行卡界面（图 4-27），要求把已经开通网银的银行卡号填写在对应方框（图 4-28）。

然后填写姓名、证件号、手机号信息。

输入收到的短信验证码，就完成了实名认证（图 4-29）。

图 4-27

图 4-28

图 4-29

实名认证结束后便可以在你的店铺里发布宝贝了。找到发布宝贝选项进入（图 4-30）。

图 4-30

根据界面提示填写宝贝信息，进行发布便能在店铺中看到宝贝了。

4.2.3　一亩田买卖农产品

一亩田成立于 2011 年，是国内领先的农产品诚信交易服务平台，定位于推动"农产品进城"，致力于促进"轻松买卖农产品"，以"为农民增收，为市民减负"作为平台的基本目标，为农产品买卖双方提供互联网信息服务。目前平台的产地用户来源覆盖 2 100 余个县，涉及农产品种类达 12 000 余种。

一亩田 APP 软件，可为全国农业经营者提供行情查询、信息发布、交易撮合、线上支付、物流匹配、农资买卖等多项服务（图 4‑31）。

图 4‑31

4.2.3.1　合作社如何用一亩田 APP

有规模、有标准的合作社才能让采购商放心。合作社要完成企业认证，上传相关资质和荣誉，以及高质量的货品照片或视频，来展现农产品生产、客户服务的方方面面，做到有图有真相，彰显供货实力。

合作社作为新型农业经营主体具有生产规模和品控上的优势，同时要学会推广自己，及时更新自己的信息、精准的报价技巧、主动通过一亩田 APP 的"电话本"功能联系供应商，同时要积极参与一亩田举办的各项活动，争取排名靠前的机会，吸引有实力的采购商。

只有通过线上支付才能留下并累积交易数据记录，能够证明合作社的经营历史、销售业绩、种植经验、市场影响、客户反馈等，同时能形成合作社的信用，成为金融机构发放贷款的依据。

4.2.3.2　农民如何用一亩田 APP

农民可以直接在一亩田 APP 上开设自己的网店，展示自己的货品，吸引周边采购商。还可以通过一亩田的分享功能将网店信息分享到微信朋友圈和 QQ 空间，让之前已经建立联系的采购商随时关注到自己的货品信息。

农民可以通过一亩田 APP 的"电话本"功能找到附近的经纪人，或者具有经纪人职能的合作社，让他们帮助卖出货品。与更多农产品经纪人保持联系，将使农民在面对市场变化时能够趋利避害，从农业经营中获得更多收益。

农民通过个人实名认证，积极参与龙虎榜评选、特卖会、认证信息员、乡村互联网推广大使等一亩田举办的活动，多方展示和推广自己，提升名气，促进交易。

4.3　有力工具

为什么中国很多消费者远渡重洋去欧洲代购奶粉等食品？影响消费者购买行为的一个重要因素是品牌，尤其是食品，大品牌可以给消费者足够的安全感。那么利用地域优势，在地理商标的基础上，建立自己的品牌是非常重要的。但是农民自产的农产品数量不足以支撑品牌建设，投入广告也非常困难。那么农民合作、网店货品的拍照和介绍、通过互联网手段免费营销等就非常重要了。

4.3.1　微信推广

学习并使用微信群及公众号，可以自行展开村内信息沟通，密切外出务工与留守人员的情感交流（图 4-32）。

图 4-32

4.3.2 美图秀秀

美图秀秀是一款图片增强应用，通过内置的滤镜和工具可以使手机拍出的照片更加精致美丽，能够实现美化图片、拼图、分享等功能。

可以下载美图秀秀 APP 并打开使用，也可以访问 http：// xiuxiu. web. meitu. com/main. html，如图 4 - 33 所示，选择打开一张图片或者拍照，来制作精美图片供开网店使用（图 4 - 34）。

图 4 - 33

图 4 - 34

4.3.3 百度云

百度云目前为每个用户提供2T的免费云端存储空间，通过百度云可以轻松同步文件，备份相册和通讯录等。

打开百度云APP后，默认进入存储空间的根目录，可以对文件进行下载、分享和删除等操作。点击下方的加号按钮可以上传文件（图4-35）。

点击下方的更多，可以出现更多功能，这里比较实用的是相册备份和通讯录备份功能（图4-36）。

图4-35

图4-36

随着电商和物流的快速发展，借助电商物流，让农产品走出去已经不再困难。借助手机上网，获取有用的农产品市场信息，指导农业生产，再通过电商、物流将农产品卖出去，实现农产品进城，整套流程已经相对成熟。农村电商的发展，让农产品不再怕进城。

第 5 章
"互联网＋农业生产"

5.1 农技宝

　　农技宝是在农业部的指导下，由中国农业科学院和中国电信联合设计研发的一款农业信息化产品，方便管理者与农业技术专家之间、农业技术专家和农户之间快捷地实现农业技术推广服务管理、农户圈交流互动、农事预警、农业技术知识分享等应用综合信息服务（图 5－1）。

　　可以登录 nongjibao.189.cn，下载农技宝 APP（图 5－2）。

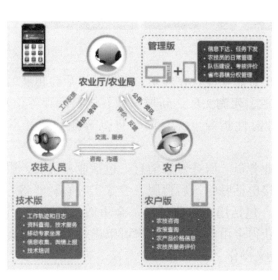

图 5－1

图 5－2

5.2 新希望六和

5.2.1 猪福达 APP

猪福达 APP 功能主要涵盖行情、数猪、专家、我的四大模块。

行情功能：主要包括行情部分和资讯部分，行情可以看到外三元、内三元、土杂猪、蛋白豆粕、玉米价格、猪粮比及对应的趋势信息，资讯具体包括行情、技术、政策、农资、专栏等栏目，让养殖户获取第一手的农业资讯（图5-3）。

图 5-3

数猪模块：提供报数和查看历史日志功能，在养殖户报数后，后台可实时跟踪母猪存栏、仔猪存栏、育肥猪存栏、死淘头数、新增头数、饲料库存等信息，了解农户养殖场实时情况，提出针对性指导意见，简介提高养殖户养殖管理水平。

专家模块：在此界面可以看到业务员、服务专家信息，包括业务代表、服务专家的姓名和单位等，养殖户可直接电话呼叫，后台服务专家实时答疑解惑。

我的模块：是用户自定义页面，包括用户注册姓名、金币数、兑换、认证、优惠券、推荐给好友、分享、如何获得金币等功能，用户可以进行编辑、查看或更改等操作，从而进行 APP 的自定义操作。

5.2.2 禽福达 APP

禽福达 APP 功能主要涵盖养殖现状、饲养日志、服务呼叫、行情资讯和应用工具五大功能（图5-4）。

养殖现状：搭建养殖基础信息，借助养殖数据分析与标准养殖曲线对比，检

图 5 - 4

验养殖状况是否合理，指导农户科学饲养。

饲养日志：农户养殖日志记录，包括耗料、死淘、温湿度、兽药使用和消毒信息。养殖数据透明化为食品安全可追溯奠定基础；后台实时追踪分析农户上传数据，了解农户饲养行为习惯及时纠正饲养问题，规范养殖管理，提高养殖效率。

呼叫服务：目前涵盖兽医和生物安全，未来会逐步完善饲料、禽舍基建、养殖管理等专家团队的体系建设。目前农户可以线上拨打电话和提问问题两种方式向专家呼叫，后台会匹配相应的服务专家为农户答疑解惑。

行情资讯：具体包括价格行情、技术文章、本地热点、行业资讯和经营管理，禽福达通过专业的后台维护人员及时更新最新的养殖行情资讯，让养殖户获取第一手的价值信息。

应用工具：提供料肉比，养殖效益和问题案例分析功能，借助禽福达的数据平台搜索养殖过程中遇到的各种问题与专业解答。

5.2.3 希望宝 APP

农民生产发展过程最大的瓶颈是融资困难，没有足够的资金进行扩大生产，失去发展的机遇。"希望宝"金融为"三农"小微企业及优质农户提供低成本、高效率、安全可靠的融资渠道，同时养殖户提供安全、专业、高效的理财渠道。

5.3 看天气

天气与我们的生活息息相关，及时准确地获取天气信息对于农业生产尤其有重大意义。很多手机出厂时都内置天气软件，天气软件的使用都大同小异，设置位置即可查看该位置的天气信息，区别在于不同软件对于天气的展示方式不同。这里以墨迹天气为例，介绍怎样在手机上查看天气。

5.3.1 如何看天气

打开墨迹天气，软件会默认进行定位，展示当前位置的天气信息。如图 5-5 所示。

首页展示当前以及今明两天的温度和天气，点击今天或者明天可以查看其他日期的天气预报。

5.3.2 天气软件功能

在首页点击当前的气温，可以查看其他天气信息（图 5-6），如紫外线、气压、湿度等（图 5-7）。

图 5-5

图 5-6

图 5-7

实际上墨迹天气可以查看多个地点的天气，通过墨迹天气就可以知道远方的亲朋好友那里现在是何种天气了。点击软件首页左上角的图标，进入位置管理页面，点击右上角的加号，就可以添加位置了（图 5-8）。

图 5 - 8

第 6 章
上网注意事项

随着人类社会的发展，现在已全面进入互联网时代。网络上充满了形形色色的信息和资讯，甚至很多新闻充斥着各种虚假事件，很多网帖隐藏着各种陷阱和骗局，很多"独家文章"传播着各种诽谤、谣言。如何在复杂的网络环境中上网，且保证自己能够检索到正确的信息，不被虚假信息所蒙骗，不被居心叵测的骗子骗走钱财，保护好个人的隐私。

6.1　网上信息真实性

通过互联网人们各取所需，利用它不断地传递信息和获取信息，信息的内容包罗万象，繁复庞杂，但是这些信息是否就是真实的呢？

很遗憾，网上的很多信息是虚假的，有些是发布者为了吸引眼球；有些是相关利益方为了利益发布的推广、软文、广告等；有些则是为了攻击竞争对手捏造的"事实"，甚至有些只是为了造成恐慌而发布的不实言论。

本节将列举一些常见的网络谣言。

6.1.1　什么是网络谣言

在中文语义中，"谣言"是个贬义词，它往往不是依据事实，而是凭空想象或根据主观意愿刻意编造的传言，制造这种传言的行为被称作"造谣"，传播这种传言的行为被称为"传谣"。由于谣言产生的根基往往不是以事实为依据，其真实性无从谈起。

具体到不同的情况，有的谣言一开始就是彻头彻尾谎言；也有原本是真实的事物，但由于在众人口中相传，偏离了最初的版本，变成不真实的谣言。

实际上，生活中、朋友圈、QQ空间、微博上、论坛里，几乎所有的能够传播信息的渠道中，都有数不胜数的谣言。特别是在某些重大的突发事件发生后，由于消息来源渠道不畅，很多情景会被断章取义，歪曲成各种所谓的"独家报道”“小道消息”“内幕消息”。这些谣言往往造成人民群众的恐慌，或者是使某些人利益受损。

6.1.2 常见网络谣言与应对

网络谣言，其实也是一种信息，但因为其不真实性，可以说网络谣言本质上是“信息假货”。现实生活中，消费者买到假货都会义愤填膺。同样的道理，每个网民实际上都是网络信息的消费者，对于网络谣言这种“信息假货”，理应有同仇敌忾的反应。如果明知是谣言，还去传播，那和穿着假货招摇过市一样不体面。而制造谣言的人，与制假售假的奸商，在道德判断面前，也没有什么区别。

所以，不造谣不传谣，是做个中国好网民的基本前提，既要有素质，也要有能力。有素质是指，合格网民要有自觉抵制网络谣言的道德自觉与网络公德意识。有能力是指，在网络上做合格的网民不单要有不制造谣言的自我约束能力，还要具备基本的鉴别网络谣言的能力。在未能验证与核实的可疑信息面前，至少克制住传播的欲望。不哗众取宠，也体现出中国好网民的素质。

这里介绍一下常见的网络谣言案例以及甄别办法（转载自新华网）。

◇ 套用公文样式，伪装权威来源（图 6－1）。

谣言案例：2015 年 2 月，朋友圈有消息称“根据国务院 2015 年 2 号文件规定，从 2015 年 2 月起实施农村婚姻礼金改革。如女方向男方索要礼金超过 8 万元，属人口买卖违法行为，根据《人口买卖倒卖法》可判刑 5 个月罚款 50 000 元。”

甄别办法：①登录政府部门官方网站检索文件；②致电发文机关进行询问，根据文号在网上查询真伪；③核对发文机关标识、文件红头格式、政府公章、印发日期等细节。

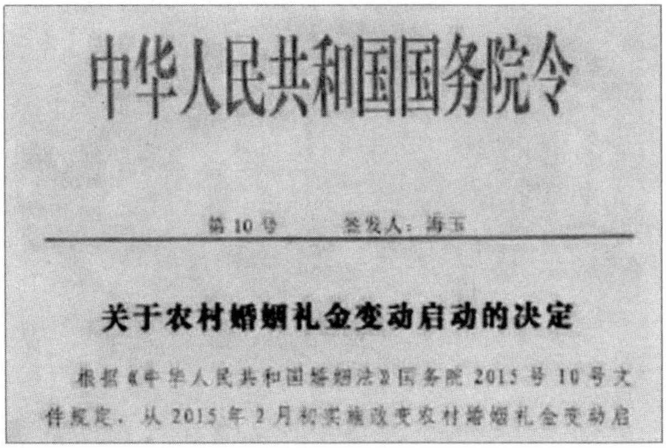

中华人民共和国国务院令

第10号　　签发人：海玉

关于农村婚姻礼金变动启动的决定

根据《中华人民共和国婚姻法》国务院 2015 号 10 号文件规定，从 2015 年 2 月初实施改变农村婚姻礼金变动启

图 6－1

◇ 捏造重大灾害事故，引发群众恐慌（图 6 - 2）。

谣言案例：2015 年 4 月，有消息称"内蒙古呼伦贝尔大草原大火整整两天，已有 300 牧民失联"，引发网友关注。随后，呼伦贝尔市委宣传部在微博上及时回应，"呼伦贝尔失火"的消息纯属谣言。

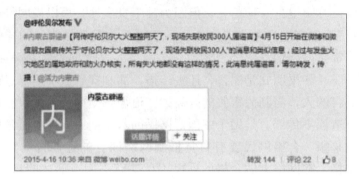

图 6 - 2

甄别办法：①考察信息来源是否权威，图像是否真实；②以政府调查之后的统一发布消息为准；③也可直接通过"两微一端"向政府部门求证。

◇ "伪科学"盛行，养生图书奇谈怪论（图 6 - 3）。

谣言案例：朋友圈中诸如"微波炉加热食品会致癌""吃麻辣烫感染 H799 病毒"等打着科学之名的谣言在互联网时代呈指数级传播。

甄别办法：①文章末尾是否列出参考文献，来源是否为专业期刊；②作者是否有相关领域的教育、从业背景；③若文中出现和实际生活经验相差甚多的说法，可到专业网站查询。

图 6 - 3

◇ 夸大事故后果，伪造死伤数据（图 6 - 4）。

　　谣言案例：天津港"8·12"爆炸事件中，5 天内曾出现 27 个不同版本的谣言。如"方圆两公里内人员全部撤离""天津港爆炸死亡上千人"等。

　　甄别办法：灾难当前，我国政府始终高度关注和保护公民的生命财产安全，应相信政府的力量，勿传谣，勿偏信，拒绝个人恶意散布谣言给社会带来二次伤害。

图 6-4

　　◇ 借名人之口"煲鸡汤"（图 6-5）。

　　谣言案例：2015 年 11 月，"顶尖企业家思维"微信公号冒用万达集团董事长王健林名义发布题为《王健林：淘宝不死，中国不富，活了电商，死了实体，日本孙正义坐收渔翁之利》的文章，在微信朋友圈推广传播。万达集团提起诉讼，索赔 1 000 万元。

　　甄别办法：鸡汤文章大都"只讲感情，不讲逻辑，思想偏激"，甚至企图用一句话总结人生哲理，一个故事概括整个人生。要有自己清醒的判断，保持独立的思维。

图 6-5

　　◇ 嫁接图片，随意解读警务工作（图 6-6）。

谣言案例：2015年1月，有报道称"沈阳皇姑区辉山路附近的一座破房子里发现数具死尸，有30多辆警车停在现场"。公安部刑事侦查局官方微博随后发布消息，警车是因执行其他任务在此待命，经核实此消息为谣言。

甄别办法：对于配有图片的消息，也应保持警惕和批判。①通过网络搜索，是否为盗用他人图片；②警车≠伤亡，切忌主观臆断、凭空想象。

图6-6

◇旧贴重播，各式骗局赚足眼球（图6-7）。

谣言案例：经常有网民发帖称"某中学生在网吧上网后遭人割肾""火车站被下迷药""军用望远镜中射出银针"等，这其实是发帖者恶意编造赚取关注的惯用伎俩。

甄别办法：①查询此类事件是否有多个版本；②是否有正规媒体报道与警方通报；③文中是否有明显逻辑漏洞。

图6-7

◇国际突发新闻众说纷纭，扑朔迷离（图6-8）。

谣言案例：2014年3月，马航客机失联事件引发国内外高度关注，"发现失联客机信号了""飞机迫降在海上，可能有人还活着"等一轮又一轮的网络谣言纷至沓来，混淆视听。

甄别办法：①查看消息源，搜索媒体官网并验证媒体机构信息；②采访记录中是否有详细受访人姓名；③离现场越近的消息源可信度越高；④国际性新闻以主流媒体官网为准。

图6-8

◇ 断章取义，炒作新奇社会资讯（图6-9）。

谣言案例：2015年1月，湖南长沙常先生称，上幼儿园的小外甥前两天和同学打架，咬伤对方，对方的奶奶竟然剪掉了小外甥的四颗门牙。真相是，该男童患有慢性尖周炎，牙齿出血及断裂均是蛀牙造成的。

甄别办法：①针对同一事件是否有多方相关人员证实；②综合多家媒体对事件的报道，多角度全方位获取信息；③避免妄下定论，提升自己辨别信息的能力。

以上介绍了一些常见的谣言，网络上的谣言屡见不鲜，主动浏览一些关于谣言破解的资讯和网站很有好处。这里推荐几个渠道：

图6-9

◇ 果壳网谣言粉碎机（http：//www. guokr. com/scientific/channel/fact/）。

◇ 流言百科（http：//www. liuyanbaike. com/）。

◇ 微博辟谣（http：//weibo. com/weibopiyao）。

◇ 微博江宁公安在线（http：//weibo.com/njjnga）。

◇ 微信公众号谣言过滤器（wx-yyglq）。

◇ 微信公众号科普中国（Science_China）。

6.1.3　刑法依据

根据最新的刑法，编造虚假消息，传播谣言，诽谤他人已经是非常严重的犯罪行为。这里有相关的法条（节选）。

最高人民法院最高人民检察院

关于办理利用信息网络实施诽谤等刑事案件适用法律若干问题的解释

……

第一条　具有下列情形之一的，应当认定为刑法第二百四十六条第一款规定的"捏造事实诽谤他人"：

（一）捏造损害他人名誉的事实，在信息网络上散布，或者组织、指使人员在信息网络上散布的；

（二）将信息网络上涉及他人的原始信息内容篡改为损害他人名誉的事实，在信息网络上散布，或者组织、指使人员在信息网络上散布的；

明知是捏造的损害他人名誉的事实，在信息网络上散布，情节恶劣的，以"捏造事实诽谤他人"论。

第二条　利用信息网络诽谤他人，具有下列情形之一的，应当认定为刑法第二百四十六条第一款规定的"情节严重"：

（一）同一诽谤信息实际被点击、浏览次数达到五千次以上，或者被转发次数达到五百次以上的；

（二）造成被害人或者其近亲属精神失常、自残、自杀等严重后果的；

（三）二年内曾因诽谤受过行政处罚，又诽谤他人的；

（四）其他情节严重的情形。

第三条　利用信息网络诽谤他人，具有下列情形之一的，应当认定为刑法第二百四十六条第二款规定的"严重危害社会秩序和国家利益"：

（一）引发群体性事件的；

（二）引发公共秩序混乱的；

（三）引发民族、宗教冲突的；

（四）诽谤多人，造成恶劣社会影响的；

（五）损害国家形象，严重危害国家利益的；

（六）造成恶劣国际影响的；

（七）其他严重危害社会秩序和国家利益的情形。

第四条 一年内多次实施利用信息网络诽谤他人行为未经处理，诽谤信息实际被点击、浏览、转发次数累计计算构成犯罪的，应当依法定罪处罚。

第五条 利用信息网络辱骂、恐吓他人，情节恶劣，破坏社会秩序的，依照刑法第二百九十三条第一款第（二）项的规定，以寻衅滋事罪定罪处罚。

编造虚假信息，或者明知是编造的虚假信息，在信息网络上散布，或者组织、指使人员在信息网络上散布，起哄闹事，造成公共秩序严重混乱的，依照刑法第二百九十三条第一款第（四）项的规定，以寻衅滋事罪定罪处罚。

中华人民共和国刑法修正案（三）

八、刑法第二百九十一条后增加一条，作为第二百九十一条之一："投放虚假的爆炸性、毒害性、放射性、传染病病原体等物质，或者编造爆炸威胁、生化威胁、放射威胁等恐怖信息，或者明知是编造的恐怖信息而故意传播，严重扰乱社会秩序的，处五年以下有期徒刑、拘役或者管制；造成严重后果的，处五年以上有期徒刑。"

中华人民共和国刑法修正案（九）

三十二、在刑法第二百九十一条之一中增加一款作为第二款："编造虚假的险情、疫情、灾情、警情，在信息网络或者其他媒体上传播，或者明知是上述虚假信息，故意在信息网络或者其他媒体上传播，严重扰乱社会秩序的，处三年以下有期徒刑、拘役或者管制；造成严重后果的，处三年以上七年以下有期徒刑。"

6.2 我的信息安全性

互联网给生活带来了巨大的便利，但是同时，各种网络侵权事件也层出不穷。网络时代，隐私被侵犯，资产受到侵害，这些问题已经是难以避免的毒瘤。本节就来讲述这些问题。

6.2.1 隐私安全——骚扰电话，垃圾短信

很多人可能没有隐私的概念，原始社会时期，社会的概念并不清晰，整个族群同吃同住，互相之间没有太多秘密可言，任何信息都是暴露在众目睽睽之下的。但是随着人类社会的进步，发展至今，人类社会已经非常在意隐私权这个概念了。

狭义地讲，隐私就是隐秘的个人信息。比如住址、身份信息、电话号码、指

纹、血型，上网时的浏览历史记录，在银行的存款信息，在淘宝购物时的购物信息。凡此种种，只要是与个人的生活息息相关，都可以主张为个人隐私，国家法律保障个人隐私不受侵犯。

但是实际生活中怎么样呢？个人隐私被严重的滥用了。最常见的就是两点，骚扰电话和垃圾短信。

6.2.1.1 骚扰电话

骚扰电话是指未经电话持有者同意或请求，或者电话持有者明确表示拒绝，以拨打等方式向其发送商业性电子信息或其他违法犯罪信息的行为。带有推销、广告、涉嫌违法、涉嫌诈骗的陌生电话都可定义为骚扰电话。

常见的骚扰电话可以分为以下几类：响一声、广告推销类、房产中介类、涉嫌违法类、涉嫌诈骗类，图 6 - 10 是来源于《2014 骚扰电话年度报告》的统计结果。

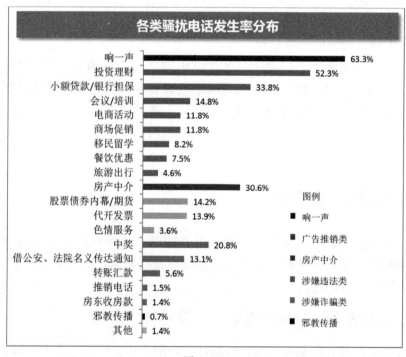

图 6 - 10

可以看到，骚扰电话覆盖了生活的方方面面，严重影响了人们正常的生活。

6.2.1.2 垃圾短信

垃圾短信是指未经用户同意向用户发送的用户不愿意收到的短信息，或用户不能根据自己的意愿拒绝接收的短信息。

常见的垃圾短信有以下几类：

骚扰型：多为一些无聊的恶作剧。

欺诈型：此类短信多是想骗取用户的钱财，如中奖信息。

非法广告短信：如出售黑车、麻醉枪之类。

SP 短信：短信业务提供商违规群发，误导用户订制短信业务，发送号码多为 SP 接入代码，一般为四位数字。发送号码不分网内网外，既有通过移动号码对联通用户发送的，也有外地联通号码对本区用户发送的。

诅咒型短信：此类短信多以让更多用户转发为目的而加以诅咒内容以威胁短信接收者按照其意愿来做出不自愿行为。

垃圾短信泛滥，已经严重影响到人们正常生活。

6.2.1.3　防治措施

（1）防。防范骚扰电话、垃圾短信的主要措施如下：

◇ 克服"贪利"思想，不要轻信，谨防上当。

◇ 不要轻易将自己或家人的身份、通讯信息等家庭、个人资料泄露给他人。

◇ 接到培训通知、领导名义的电话、中介类等信息时，要多做调查。

◇ 不要轻信涉及加害、举报、反洗钱等内容的陌生短信或电话。

◇ 对于广告"推销"特殊器材、违禁品的短信和电话，应不予理睬并及时清除，不要汇款购买。

（2）治。对于骚扰电话和垃圾短信，建议使用一些软件进行拦截。以下分平台对拦截功能做一介绍。

◇ Android 手机

Android 手机厂商众多，大多数手机在出厂时就已经预装了拦截功能，对标记的黑名单号码拦截其来电和短信。如果对系统自带的拦截功能不够满意，还可以使用第三方软件，常见的有搜狗号码通、来电通、触宝电话（图 6 - 11）、360 手机卫士、腾讯手机管家、百度手机卫士等。

图 6 - 11

在应用市场搜索以上软件的名称，下载安装后，默认配置下，软件就可以正常工作，拦截骚扰电话和垃圾短信了。

◇ iPhone 手机

iPhone 手机可对通话记录和短信发送号码进行阻止。具体来说，用户点开通话记录中的骚扰号码详细信息，或短信页面右上角的"联系人"进入详细信息页面，最下方有一项"阻止此来电号码"，选择后即可屏蔽该号码的所有来电和短信。

由于 iPhone 自带的骚扰拦截功能很弱，因此一般建议使用第三方软件。在iOS 系统下，有搜狗号码通、360 手机卫士、触宝电话等可以进行骚扰电话和垃圾短信的拦截。这里以触宝电话为例，演示一下具体的流程。

在 App Store 搜索触宝电话，下载并安装。

打开软件的时候，点击立即体验（图 6-12）。

跳转到防骚扰的设置界面，点击开启骚扰识别（图 6-13）。

图 6-12

图 6-13

点击继续（图 6-14）。

正在更新号码库，请等待（图 6-15）。

图 6 - 14

图 6 - 15

更新完成，点击确定（图 6 - 16）。

当有骚扰电话打进来就会有提示（图 6 - 17）。

图 6 - 16

图 6 - 17

6.2.2 资产安全——电信诈骗

6.2.2.1 电信诈骗简介

电信诈骗是指犯罪分子通过电话、网络和短信方式，编造虚假信息，设置骗局，对受害人实施远程、非接触式诈骗，诱使受害人给犯罪分子打款或转账的犯罪行为（图6-18）。

图6-18

6.2.2.2 电信诈骗的常用手段与特点

电信诈骗的主要手段包括电话、短信、QQ、微信、邮件、钓鱼网站、搜索引擎等，其中最主要的是电话诈骗，根据《腾讯2015年度互联网安全报告》，近70%的电信诈骗通过电话来实施（图6-19）。

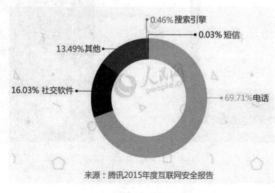

图6-19

电信诈骗常常有以下几个特点：

（1）犯罪活动的蔓延性大，发展迅速。犯罪分子往往利用人们趋利避害的心理通过编造虚假电话、短信地毯式地给群众发布虚假信息，在极短的时间内发布范围很广，侵害面很大，所以造成损失的面也很广。

（2）信息诈骗手段翻新速度快。从诈骗借口来讲，从最原始的中奖诈骗、消费信息发展到绑架、勒索、电话欠费、汽车退税等。犯罪分子总是能想出五花八门的各式各样的骗术。有的直接汇款诈骗，有的冒充电信人员、公安人员说你涉及贩毒、洗钱，公安机关要追究你等各种借口。骗术在不断花样翻新，翻新的频率很高，有的时候甚至一、两个月就产生新的骗术，令人防不胜防。

（3）团伙作案，反侦查能力非常强。犯罪团伙一般采取远程的、非接触式的诈骗，犯罪团伙内部组织很严密，他们采取企业化的运作，分工很细，有专人负责购买手机，有的专门负责开银行账户，有的负责拨打电话，有的负责转账。分工很细，下一道工序不知道上一道工序的情况。这也给公安机关的打击带来很大的困难。

（4）跨国跨境犯罪比较突出。有的不法分子在境内发布虚假信息骗境外的人，也有的常在境外发布短信到国内骗中国老百姓。还有境内外勾结连锁作案，隐蔽性很强，打击难度也很大。

6.2.2.3 常见电信诈骗案例与应对

本文在这里介绍一些常见的电信诈骗骗术，并提供一些应对策略以防范电信诈骗。（转载自人民网）。

（1）盗取 QQ、微信，冒充亲友借钱。

诈骗案例：骗子盗取 QQ 或微信冒充亲友，通过盗取的 QQ 或微信给事主发送信息，骗事主向其账户汇款。

应对策略：可以试探性地问一些彼此都很熟悉的事情，比如，对方家庭、个人经历等，如果还是不能确定真假，可以通过电话核实，这也是最直接的方法。

（2）伪基站诈骗。

诈骗案例：用伪基站冒充"公检法、税务、社保、医保"等号码，给事主电话或短信，告知事主：您有一张法院传票"或"您的包裹内被查出毒品等，要求事主将钱款换到骗子提供的所谓"安全账户"。

应对策略：保持冷静，及时与家人、亲友商量。公安局。检察院、法院等国家机关工作人员履行公务时，应持法律手续当面询问并做笔录，不会通过电话或短信联系。

（3）冒充亲属、同学、朋友求救。

诈骗案例："我在外地发生车祸需手术费""子女在外遭绑架需交钱赎人"，骗子通过冒充亲属、同学或朋友向事主发送求救信息，骗取事主信任以后诱使事主给其银行转账骗取钱财。

应对策略：可通过公安、医院等部门了解真实性。即使一时无法确认，也不要贸然汇款。

（4）冒充航空公司工作人员。

诈骗案例：犯罪分子冒充航空公司工作人员，告知事主预定的航班因故障取消，以赔偿延误金为理由，让事主在 ATM 机按指示完成银行卡转账。

应对策略：一定要通过航空公司官方电话或者官方网站了解航班最新情况，而不是拨打短信里的电话。

（5）冒充收款方。

诈骗案例：犯罪分子冒充房东等收款方欺骗事主汇款，事主刚好在那个时点等账号汇款，一不小心，就会把短信内容误以为真。

应对策略：一定要仔细辨认，给真正的收款人打电话确认。

（6）网络购物退款诈骗。

诈骗案例：冒充网购平台客服，通知事主拍下的货品缺货，需要退款，要求事主提供银行卡号及动态密码等消息。

应对策略：退款根本不需要银行卡号，一般直接退到账号，更别说告知动态密码了。应保护好信用卡密码、有效期，及背面三位数字，若泄露，很可能被盗刷。

（7）中奖诈骗。

诈骗案例："恭喜您获得××公司十周年庆典抽奖活动一等奖。"不法分子以短信、网络、刮刮卡、电话等方式发送中奖信息，请对方领取大奖，不过预先缴纳手续费、快递费、公证费等各种费用。一旦市民将这些费用汇入指定的银行卡，对方就从此杳无音讯。

应对策略：如果根本没有参加过这类节目的报名就说明肯定是骗局，而且真的中奖并不需要先缴纳费用。只要对方要你提供银行卡信息，就应该多长个心眼。

（8）钓鱼网站、二维码诈骗。

诈骗案例：以降价、奖励为诱饵，要求网友打开假冒网站，或者带病毒的二维码加入会员，从而盗取网民的网银账号，骗取钱财。

应对策略：付款前确认正规的购物网站和支付平台，不可靠地方的二维码不要随便扫；扫码前再三确认。

（9）冒充领导。

诈骗案例："小×，你明天到我办公室来一下。"等事主心里惶恐的时候再打电话要求借钱或者转账。

应对策略：接到自称是"单位领导"的来电，切勿轻信。涉及巨额款项一定要主动打电话确认。

6.3 消费者权利和义务

6.3.1 维护健康网络环境

6.3.1.1 健康网络环境建设

随着信息技术的迅猛发展，"网络文化"对社会生产和生活的影响与日俱增。但是，网络在为广大网民提供沟通交流信息、自由表达意见的新途径的同时，也为各种虚假言论、流言蜚语的滋生提供了条件。

少部分网民法律意识淡薄，利用微博、微信、论坛等网络平台，炮制虚假新闻，故意歪曲事实，混淆是非，严重扰乱了网络秩序，影响了社会安全稳定。也有部分网站和网络运营企业受利益驱动，只顾经济利益而忽视社会与法律责任，客观上为网络造谣违法犯罪活动提供了温床。

网络虽然是一个自由言论的平台，但自由言论是有条件的，也就是文明、理性、客观的，乱说、乱谈、乱论是要负责任的。网络社会虽然是虚拟社会，但仍然必须遵守法律底线，在网络上制造传播谣言，最终难逃法律严惩。所以，网民都必须文明上网，理性发言，秉持社会责任，加强自我约束，抵制网络谣言，做一位负责任的网民。作为网站、论坛的管理者，要切实增强安全责任意识，积极引导网民树立平等有序的参与理念，加强对各类信息的甄别和监测，真正把好净化网络环境的第一道关口。

2013 年 8 月 10 日，在国家互联网信息办公室举办的"网络名人社会责任论坛"上，提出了网民应当遵守的七条原则，也就是七条底线。

（1）法律法规底线。现实生活中，每个人都应该知法、懂法、守法、护法，以事实为依据，以法律为准绳。互联网是虚拟空间，有一定的隐匿性，但也要遵守相关法律法规。如果不遵守法律法规，互联网就会乱成一锅粥，成为一团乱麻。

（2）社会主义制度底线。我国是社会主义国家，这是历史和人民选择的结果。坚守社会主义制度底线，是让我们的生活有秩序、平稳运行的需求。

（3）国家利益底线。国家利益高于一切是每一个公民的应为之举。互联网没有国界，但网民有国界。对于那些以民主、自由的外衣试图颠覆国家政权的行为，要与之作坚决的斗争。爱国是最基本的信仰，我们应当自觉地坚守。

（4）公民合法权益底线。公民合法权益底线是网络世界每一个网民公平、权益必须得到保证的要求。网络为公民合法权益维护打造了一个崭新的平台，利用这个平台，维护好自己的合法权益，同时我们也应该警惕某些人利用这个平台维护自己的非法权益。

（5）社会公共秩序底线。网络虽然给了个人很大的空间和自由度，但它并不是没有任何约束的公共场所，不能认为这里没有互相监督和道德约束，可以随心所欲。网络与现实是互动的，网上不道德问题不仅影响网络的文明建设，而且会直接影响现实社会的进步与发展。所以，营造风清气正的公共秩序，需要所有人共同努力。

（6）道德风尚底线。人是社会性的群体，只要有人的活动参与，就要受到人类社会各种道德伦理的约束，决不能借口网络世界的虚拟性、匿名性、相对性而漠视或否定网络道德。我们要努力强化网络主体的道德责任，提高对网络行为和网络文化的是非鉴别力，自觉抵制不良网络文化侵蚀；要依靠网络主体的理性、信念和内心自觉来自律。

（7）信息真实性底线。对于信息而言，最忌讳的就是虚假信息。虚假信息跟真实信息在一起，鱼目混珠、鱼龙混杂，蒙蔽了人们的双眼，影响了人们对于信息真实性的判断。在一个传播多元的时代，无论是政府机构、大众媒体还是公民个人，所要做的是，共同抵制虚假有害信息、特别是恶意谣言的传播，大力倡导真实、文明的信息交换和流通，这是互联网时代的底线，也是人类文明持续健康向前发展的要求。

以上 7 条底线是一种社会规则，网民们应当共同遵守 7 条底线，共同维护健康有序的网络环境和社会秩序。

6.3.1.2　不良信息举报

12321 网络不良与垃圾信息举报受理中心（以下简称"12321 举报中心"）为中国互联网协会受工业和信息化部（原信息产业部）委托设立的举报受理机构。负责协助工业和信息化部承担关于互联网、移动电话网、固定电话网等各种形式信息通信网络及电信业务中不良与垃圾信息内容（包括电信企业向用户发送的虚假宣传信息）的举报受理、调查分析以及查处工作。

（1）12321 举报中心职责。接收公众举报，净化网络环境，促进行业自律，维护网民权益。

（2）举报人的权利和义务。所有中国公民均有权利和义务举报网络不良与垃圾信息。12321 举报中心将严格保护举报人的权益，不泄露举报人的任何个人信息。举报人应当实事求是，保证所举报内容与事实一致。故意捏造和歪曲事实举报将给不良信息治理带来困扰，造成的一切后果由举报人自行承担。

（3）举报受理范围。关于互联网、电信网等各种形式信息通信网络及电信业务中不良与垃圾信息均可举报。主要包括：垃圾短信、骚扰电话、垃圾邮件、不良网站、不良 APP、个人信息泄露等。

（4）举报方式。

◇ 12321 官方网站：www. 12321. cn。

◇ 举报电话：010‐12321。

◇ 微信：关注 12321 微信公众账号"12321 举报中心"，点击"我要举报"或直接发送文字、语音、截图举报。

◇ 微博：关注"12321 举报中心"，发送私信或@12321 举报中心进行举报。

◇ 举报垃圾短信：可发短信到 12321 这个 5 位短号码举报垃圾短信。在您要举报的短信内容前面手工输入被举报的号码（即垃圾短信发送人号码，这一点很重要），再加星号（＊号）隔开后面的短信内容，发送到 12321 这个 5 位短号码；关注 12321 举报中心微信公众账号截屏并提供接收方手机号；通过 APP 客户端（限于安卓系统手机）如搜狗号码通、百度卫士、公信手机卫士、12321 举报助手等。

◇ 电子邮箱：abuse@12321. cn，举报垃圾邮件，请将垃圾邮件作为附件（eml 格式）转发至 abuse@12321. cn（不必修改标题）；通过邮件举报其他不良信息，请在邮件标题注明"举报"字样。

◇ 12321 举报助手 APP：http：//jbzs. 12321. cn（目前仅支持安卓手机，可通过 12321 举报助手 APP 举报垃圾短信和不良 APP）。

◇ 举报垃圾彩信：在您要举报的彩信"标题栏"输入被举报的号码，再加星号（＊号）隔开后面的彩信标题，然后发送到 12321。

6.3.2 保护合法个体权益

为保护消费者的合法权益，维护社会经济秩序，促进社会主义市场经济健康发展，全国人民代表大会常务委员会出台了《中华人民共和国消费者权益保护法》。

该法于 1993 年 10 月 31 日第八届全国人民代表大会常务委员会第四次会议通过；根据 2009 年 8 月 27 日第十一届全国人民代表大会常务委员会第十次会议

《关于修改部分法律的决定》第一次修正；根据 2013 年 10 月 25 日第十二届全国人民代表大会常务委员会第五次会议《关于修改〈中华人民共和国消费者权益保护法〉的决定》第二次修正。

在最新的《消费者权益保护法》中，对于借助互联网进行消费进行了特别的修正。现对最新的《消费者权益保护法》进行解读。

6.3.2.1 消费纠纷举证责任倒置

目前，消费者维权难主要表现在 4 个方面：一是市场缺诚信。经常出现消费者购货退还难，索赔更难，交涉过程中经营者有的不认账，有的拒绝退换，更谈不上惩罚性赔偿；二是诉讼举证难；三是维权成本高；四是精力耗不起。为解决消费者维权难、维权成本高的问题，新《消费者权益保护法》规定对部分商品和服务的举证责任进行倒置，消费者不用承担举证责任，避免了鉴定难、成本高、不专业等难题。

不过，消费者还要注意：一是该规则仅适用于机动车、计算机、电视机、电冰箱、空调器、洗衣机等耐用商品或者装饰装修等服务，其他商品或者服务出现瑕疵，仍然按照"谁主张谁举证"的规则，由消费者承担举证责任。二是该规则仅限于购买或者接受服务之日起 6 个月内发生的消费争议，超过 6 个月后，不再适用。三是举证责任倒置并非免除消费者的全部举证责任。

6.3.2.2 无理由退货制度

无理由退货制度是指消费者退货时不需要任何理由，只要不喜欢就可以退货，这就给予了消费者单方解除合同的权利。当然，为平衡利益，运费由消费者承担，这也有利于促进消费者在退货时要理性。

但消费者需要注意的是，反悔权的适用有条件限制：一是仅适用于网络、电视、电话、邮购等远程购物方式，消费者直接到商店购买的物品，不适用该条规定。二是消费者定做的商品，鲜活易腐的商品，在线下载或者消费者拆封的音像制品、计算机软件等数字化商品，交付的报纸、期刊，也不适用该条规定。三是反悔权的期限为自消费者收到商品之日起七日内。四是这个制度规定的是"无理由退货"，而不是"无条件退货"，其实这一规定有一个条件，就是"消费者退货的商品应当完好"。

6.3.2.3 消费公益诉讼制度

公益诉讼是特定的主体依照法律规定，为保障社会公共利益而提起的诉讼。不过，根据我国《民事诉讼法》第五十五条的规定，公益诉讼针对的是"侵害众多消费者合法权益"的群体性消费事件，单一消费事件，消费者只能自行提起民事诉讼。此外，对公益诉讼的主体资格也有一定的条件，否则，公益诉讼主体过滥会给社会公共利益造成不利影响。通常，公益诉讼的主体应当具有 3 种能力：第一，具有较强的诉讼能力，确保社会公共利益的实现。第二，具有支付律师费、案件受理费、司法鉴定费等项开支的能力。第三，具有赔偿能力。如申请财产保全，败诉后要承担因保全错误给被申请人造成的损失。因此，新《消费者权益保护法》对公益诉讼主体做出一定限制。根据新《消费者权益保护法》，对侵害众多消费者合法权益的行为，中国消费者协会以及在省、自治区、直辖市设立的消费者协会，可以向人民法院提起诉讼。

6.3.2.4 "退一赔三" 制度

新《消费者权益保护法》第 55 条分别就经营者因欺诈造成消费者财产损失和因故意提供缺陷产品或者服务造成他人人身伤亡损害做出惩罚性赔偿的规定，将前者增加赔偿的金额由 1 倍提高到 3 倍，并且规定了最低赔偿金额 500 元，将后者增加赔偿的金额规定为所受损失 2 倍以下。需要注意的是：此 "退一赔三" 赔偿原则仅针对经营者存在欺诈消费者的行为。所谓欺诈消费者的行为，是指经营者在提供商品或者服务中，采取虚假或者其他不正当手段欺骗、误导消费者，使消费者的合法权益受到损害的行为。此外，依照我国《食品安全法》第 96 条的规定，经营者生产或者故意销售有毒有害食品，消费者除要求赔偿损失外，还可以向经营者要求支付价款 10 倍的赔偿金。这是因为有毒有害食品直接危害消费者的健康，所以对经营者的惩罚力度也就更大。对此，消费者在起诉时可以行使选择权。

图书在版编目（CIP）数据

农民手机应用/中央农业广播电视学校组编 . —北京：中国农业出版社，2017.7（2018.12重印）
农业部新型职业农民培育规划教材
ISBN 978-7-109-22888-7

I.①农… II.①中… III.①移动电话机—基本知识
IV.①TN929.53

中国版本图书馆 CIP 数据核字（2017）第 075909 号

中国农业出版社出版
（北京市朝阳区麦子店街 18 号楼）
（邮政编码 100125）
责任编辑　殷　华　尹　岩

北京通州皇家印刷厂印刷　　新华书店北京发行所发行
2017 年 7 月第 1 版　　2018 年 12 月北京第 2 次印刷

开本：710mm×1000mm　1/16　印张：11.75
字数：200 千字
定价：25.00 元
凡本版教材出现印刷、装订错误，请向中央农业广播电视学校教材处调换
联系地址：北京市朝阳区麦子店街 20 号楼　邮政编码：100125
电话：010－59194429 转 812
网址：www.ngx.net.cn